B

Werner Blaser

Bauernhaus der Schweiz

Eine Sammlung der schönsten ländlichen Bauten

Mit einer Einführung von Hans-Rudolf Heyer

Birkhäuser Verlag
Basel · Boston · Stuttgart

Umschlagbild:
Typisches Bauernhaus aus dem Emmental

> Lokaltypische Hausformen nach Richard Weiss

CIP-Kurztitelaufnahme der Deutschen Bibliothek

Bauernhaus der Schweiz: e. Sammlung d.
schönsten ländl. Bauten / Werner Blaser. Mit e. Einf.
von Hans-Rudolf Heyer. — Basel; Boston;
Stuttgart: Birkhäuser, 1983.
ISBN 3-7643-1523-7
NE: Blaser, Werner [Hrsg.]

Die vorliegende Publikation ist urheberrechtlich geschützt.
Alle Rechte vorbehalten. Kein Teil dieses Buches darf
ohne schriftliche Genehmigung des Verlages in irgendeiner
Form durch Fotokopie, Mikrofilm oder andere Verfahren
reproduziert oder in eine von Maschinen, insbesondere
Datenverarbeitungsanlagen, verwendete Sprache
übertragen werden. Auch die Rechte der Wiedergabe
durch Vertrag, Funk und Fernsehen bleiben vorbehalten.

© 1983 Birkhäuser Verlag Basel
Umschlag- und Buchgestaltung: Albert Gomm
Photographien: Werner Blaser
Printed in Switzerland by Birkhäuser AG,
Graphisches Unternehmen, Basel
ISBN 3-7643-1523-7

Inhaltsverzeichnis

4—5	Lokaltypische Hausformen nach Richard Weiss
8	Vorwort
9—40	Hans-Rudolf Heyer Geschichte des Bauernhauses, seine Entwicklung und Umnutzung bis zur Bauernhaus-Nostalgie
41—195	**Ländliche Hof- und Hausformen in der Schweiz**
42—47	**Baselland**
42—43	Heuschober bei Hölstein
44—45	Dorfstrasse in Ziefen
46—47	Ständerbau in Bennwil
48—51	**Genf**
48	Typisches Bauernhaus (Zeichnung)
49	Landery
50	Sierne
51	Evordes
52—63	**Jura / Neuenburg**
52—55	Weinbauerndorf Le Landeron (NE)
56	La Chaux-de-Fonds (NE)
57	La Bosse
58	Le Prédame
59	Muriaux
60—62	Le Grand-Cachot-de-Vent (NE)
63	La Chaux-du-Milieu (NE)
64—73	**Aargau**
64—65	Lüscher-Staufer Haus in Muhen
66—67	Perspektivische Darstellungen
68—69	Suter-Kasper-Haus in Kölliken
70—71	Tauner Haus in Hendschiken
72	Planzeichnung von Büelisacker
73	Kleinbauernhaus auf dem «Seeberg»
74—87	**Zürich**
74—75	Strohdachhaus in Hüttikon
76—81	Unterstammheim
82—83	Marthalen
84—86	Oberstammheim
87	Nussbaumen (TG)

88–91	**Thurgau**
88	Kartause Ittingen
89	Dozwil
90–91	Schloss Hagenwil
92–95	**Schaffhausen**
92–93	Sog. Brauerei in Schleitheim
94–95	Alte Säge in Buch
96–97	**Zug**
96–97	Haus mit Klebedächern in Cham
98–102	**Luzern**
98–99	Meierskappel
100–102	Bauernhof Hunkeler bei Schötz
103–107	**Nidwalden**
103–105	«Hochhus» in Wolfenschiessen
106–107	Haustypen in Wolfenschiessen
108–117	**Appenzell**
108–109	Herisau, Federzeichnung von H. U. Fitzi
110–111	Trogen
112–113	Appenzell
114	Lindengut in Herisau
115	Haus am Dorfplatz in Gais
116–117	Bauernhof bei Schwellbrunn
118–137	**Bern**
118–121	Emmentalerhäuser
122–123	Weiler Herzwil
124–125	Kiesen bei Thun
126–127	Das «Alte Haus» in Richigen
128	Speicher im Emmental
129–131	Simmentalerhäuser
132–133	Alpenspeicher auf der Mägisalp
134–137	«Althus» Jerisbergerhof bei Ferenbalm
138–141	**Fribourg**
138–139	Alte Mühle in Murten
140	Gempenbach
141	Schmitten

142–153	**Waadt**
142–143	Théâtre du Jorat in Mézières
144–145	Dorfbrunnen in Gollion
146–147	Holzbackofen in Gilly
148–149	Holzscheune in Coinsins
150–151	Speicher in Cergnat
152–153	«Grand Chalet» in Rossinière
154–159	**Wallis**
154	Wohnhaus in Evolène
155	«Z'Jülisch» Stadel in Obergoms
156–158	Stadel in Grächenbiel
159	Umzäunung bei Mühlental (Goms)
160–163	**Walserhäuser**
160–162	Alagna im Valsésia
163	Bauformen auf der «Alpi d'Otro» (I)
164–179	**Graubünden**
164–170	Bauformen aus Soglio (Bergell)
171–173	Steinhäuser auf der Alp Selva (Puschlav)
174	Haus in Lavin
175–179	Bauformen aus dem Unterengadin Ftan, Sur En, Ardez
180–195	**Tessin**
180–182	Grenzdorf Indemini
183	Haus in Rasa
184–186	Steinhäuser aus dem Val Verzasca
187–192	Foroglio im Val Bavona
193–195	Bauformen aus dem Val Verzasca
196–197	Landkarte mit den Bauten
198	Nachwort und Dank
199	Benützte Literatur
200	Ortsindex
201–207	Parallelen mit traditionellen Bauformen
202–203	F. L. Wright
204–205	Mies von der Rohe
206–207	Le Corbusier

Vorwort

Der Typus des Schweizer Bauernhauses entwickelte sich aus den Bedingungen des Klimas und Baumaterials: Stein im Jura und Südschweiz, Holz im Mittelland und den alpinen Gebieten. Der Holzbau ist eine der ältesten Techniken. Die Verwendung von Holz zwingt zum Konstruieren. Ein strukturell gegliedertes Holzhaus gleicht die Temperatur besonders gut aus: im Sommer kühl, im Winter wird es rasch warm und behält die Wärme. Steinbauten haben mehr körperhaft-materialbetonten Charakter. In der Südschweiz finden wir archaische Bauformen in Stein, die geometrische Ordnung und die Grundlagen einer «selbstverständlichen» Baukunst bilden. Durch das Ineinanderwirken oder Übergreifen verschiedener Bautypen in andere Regionen und vom benachbarten europäischen Raum her beeinflusst, lässt sich das Schweizer Bauernhaus nicht so leicht auf einheitliche Typen reduzieren.

Das sogenannte «Chalet» ist eine mehr oder weniger getreue Abbildung des schweizerischen Alpenhauses. Der weitverbreitete Irrtum, dass jedes traditionelle Holzhaus in der Schweiz im Chaletstil gebaut sei, wird durch die Beispiele dieses Buches widerlegt. Im Gebirge z.B. verändern sich Bauart und Zweck der Holzhäuser mit zunehmender Höhe. Die höchstgelegenen Bauten dienen vielfach als Ställe und Speicher.

Einige dieser Vorbilder, wie beispielsweise das Appenzellerhaus, haben ohne Veränderung bald vier Jahrhunderte überdauert. Diese altüberlieferten Bauten bilden heute noch eine beliebte Wohnform. Im Bauernhaus war immer ein intensives «Innen»-Leben. Besonders bekannt sind im Zeitalter des Barock und Rokoko Einrichtungen mit «musealen» reichbemalten Truhen und Schränken. Aber auch die ursprünglichen Bauernhausformen von Haus, Hof und Siedlung, wie wir dies am Emmentalerhaus vorfinden, sind bewundernswert. So kann man von typischen Schweizer Hauslandschaften sprechen. Wobei gerade die industrielle Revolution des 19. Jahrhunderts im Holzbau interessante Beispiele hervorgebracht hat. Im Ausland galt der Schweizer Bauernhausstil vielfach als richtungsweisend. Dr. Hans-Rudolf Heyer geht im Vorspann näher auf dieses Vorbild ein und versucht, die Frage nach der Nachahmung richtig zu stellen.

Der bekannte Volkskundler und Bauernhausforscher Richard Weiss sagte: «Ein Dach über dem Kopf zu haben ist wohl der ursprünglichste Anspruch an Häuslichkeit. Die vier Wände sind zwar wichtig, aber wichtiger für ein Haus ist das Dach». Der Begriff «Dachhaus» oder noch treffender «Dreisässhaus» deutet darauf hin, dass sich beim typischen Schweizer Bauernhaus Wohnteil, Tenne und Stall unter demselben weit ausladenden, tief herabreichenden Dach vereinigen.

Die Arbeit möchte auch zum Nachdenken auffordern und die Wiederentdeckung des elementaren Bauens, das human und örtlich gebunden ist, zur Diskussion bringen. Weiter soll die Neuaufbereitung eines soliden und unprätentiösen Baudenkens sichtbar gemacht werden, um durch Reflexion des Selbstverständlichen wieder zu etwas zu gelangen, was man ererbtes Formgefühl nennen könnte.

Werner Blaser

Die Bauernhausromantik im 18. und 19. Jahrhundert

Geschichte des Bauernhauses, seine Entwicklung und Umnutzung bis zur Bauernhaus-Nostalgie

Mit der Entdeckung der Alpen im 18. Jahrhundert entdeckte man auch das Schweizer Bauernhaus, d.h. das Schweizer Chalet. Dieses wurde damals weit über die Grenzen der Schweiz hinaus berühmt. Bereits Albrecht von Haller besang es 1729 in seinem Gedicht über die Alpen. Das Bergbauernhaus wurde darin zum Sinnbild des unverdorbenen Lebens in der noch unverdorbenen Natur. Unter diesem Aspekt fand es bald auch Eingang in die englischen Landschaftsgärten auf dem Kontinent (1). Die Voraussetzungen hiefür schuf jedoch England mit dem Typus der Zierfarm, der «ornamental farm». Dabei ging es um die Verwandlung ökonomischer Nutzflächen in eine parkartige Gartenlandschaft unter Beibehaltung der landwirtschaftlichen Funktion der Landschaft. In den ersten englischen Landschaftsgärten auf dem Kontinent verwendete man die ländlichen Bauten vor allem als Stimmungsträger. So entstand in Frankreich unter englischem Einfluss der sogenannte Typus des «jardin anglo-chinois», in welchem neben chinesischen und klassischen Stilformen auch Reminiszenzen an die Schweizer Alpen Platz fanden. Dabei liess man sich nicht nur von Albrecht Haller, sondern auch von Jean-Jacques Rousseau beeinflussen. So befand sich 1779 im Park von Monceau eine Meierei, die mit ihren Hütten an die Alphütten der Schweiz erinnern sollte und deshalb auch Schweizerei hiess. Doch schon 1771 hatte sich Herzog Friedrich Eugen von Württemberg im Park seiner Sommerresidenz Étupes bei Montbéliard eine Meierei in der Form eines Bauernhofes im Schweizerstil errichten lassen (2). Das Schweizerhaus war hier zum Träger einer neuen Architekturauffassung geworden, die in der ländlichen Architektur den Ursprung der Architektur überhaupt erkennen wollte. Die Meierei oder Schweizerei war eine ländlich-bäuerliche Szenerie im Rokokogarten und diente als Kulisse für das gekünstelte Spiel der Hofgesellschaft in einem idealisierten Landleben. Deshalb spielte es auch keine Rolle, dass diese Schweizerhäuser mit den wirklichen Schweizer Bauernhäuser architektonisch wenig gemeinsam hatten.
Wie sein Bruder in Étupes bei Montbéliard, so übernahm auch Herzog Karl Eugen von Württemberg 1776/77 das Motiv des ländlichen Lebens in seinem Park von Hohenheim und widmete ihm eine ganze Gruppe von Bauten. Der dort als Milchkammer bezeichnete Bau wurde das Grosse Schweizerhaus genannt und soll auf eine Schwei-

zerreise Karl Eugens im August 1776 zurückgehen. Tatsächlich handelte es sich jedoch um ein niederes, geräumiges Gebäude mit einem weit ausladenden Strohdach, das eine Milchkammer und eine komplett eingerichtete Küche enthielt. Das Grosse Schweizerhaus war ein Mischbau aus Holz und Stein, mit einem Strohdach bedeckt, und ging nicht auf ein echtes Schweizerhaus, sondern vermutlich auf sein Vorbild in Étupes zurück. Um 1782 wurde das Schweizerhaus in Hohenheim in eine richtige kleine Meierei umgewandelt, so dass eine Zierfarm en miniature entstand, wie sie sich zeitlich parallel Marie Antoinette in ihrem «Hameau» in Versailles durch den lothringischen Architekten Miques einrichten liess. Auch das 1782 in Hohenheim errichtete sogenannte Kleine Schweizerhaus war noch mit Stroh bedeckt. Man war der Ansicht, dass sich unter dem Strohdach die freie Natur, die sonnigen Abendstunden, der Schatten der Mittagszeit und die beschaulichen Feierstunden des Abends am besten geniessen lassen.

Das Schweizerhaus diente zugleich als Milchkammer einer Meierei, wo der Herzog und seine Gemahlin das Naturgetränk, die Milch, genossen. Noch deutlicher wurde die Funktion der Schweizerhäuser in Hohenheim bei den Festen, wenn sie durch lebendige Szenen aktiviert wurden. Bei derartigen Anlässen arbeitete im Schweizerhaus ein Schweizer Bauer aus dem Bernbiet mit Frau und Kind und stellte hier einen schmackhaften Käse her. Unter diesem und anderen Aspekten könnte man das sogenannte «Dörfle» im Hohenheimer Park, das eine Unmenge von Kleinbauten besass, als eine Art Vorläufer der heutigen Freilichtmuseen bezeichnen.

Die Herzöge von Württemberg scheinen eine besondere Vorliebe für Schweizereien gezeigt zu haben, denn auch Carl Christian Erdmann liess sich im englischen Garten seines Schlosses Carlsruhe im Herzogtum Württemberg-Oels in Schlesien ein Schweizerhaus als Meierei einrichten. Rund herum ging ein breiter mit Linden besetzter Weg, wo man sich ausruhen oder sich mit frischer Milch erquicken konnte. Das Gebäude war rund, hatte aber an den vier Seiten kleine, etwas oval gebaute Flügel mit rohen, hölzernen Säulen, die mit Moos ausgelegt waren. Ausser dem Kuhstall und einigen kleinen Zimmern gab es auch einen grossen Mittelsaal für die Besucher. Die Carlsruher Meierei war wesentlich grösser als jene von Hohenheim, weshalb hier mit mehr Berechtigung als in Hohenheim von einer eigentlichen Zierfarm gesprochen werden konnte. Der Gedanke von landwirtschaftlich genutzten Bereichen als Bestandteil des Parks war in Carlsruhe auch durch die Integrierung von grossen Fischteichen in die Gartenlandschaft vorhanden.

So begegnete man denn gegen Ende des 18. Jahrhunderts in Frankreich und in Deutschland dem Typus der englischen Zierfarm im englischen Landschaftsgarten verbunden mit der Bezeichnung Meierei oder Schweizerei für die Gebäudegruppe des Bauernhofes. In Kassel-Wilhelmshöhe wurde sogar später das chinesische Dorf Mulang in eine Schweizerei umfunktioniert, damit es für die fürstliche Tafel die gewünschten Molkereiprodukte liefern konnte. Die dort gehaltenen Kühe trugen allesamt Frauennamen aus der griechischen Mythologie.

Auffallend an diesen Schweizereien oder Meiereien war, dass die Hütten oder Häuschen in diesen englischen Landschaftsgärten stets nur vage an echte Schweizer Häuser erinnerten, obschon die Erbauer zum Teil die Schweiz kannten. Weit näher mit den Sennhütten in den Alpen verwandt, und deshalb eine Ausnahme, war das sogenannte «Chalet Suisse» in der Eremitage, einem englischen Landschaftsgarten in Arlesheim bei Basel (3). Es entstand dort 1787 und wird in den Beschreibungen jener Zeit als echte Sennhütte mit Sinnsprüchen, innen ländlich aufgeputzt mit Konzert- und Speisesaal, geschildert. Es stand sinngemäss auf einer Weide oberhalb der bereits vorhandenen Fischteiche. Auf diese Weise war es nicht nur vollständig integriert, sondern auch im Landschaftsgarten in sichtbarer Lage errichtet. Es bestand im Untergeschoss aus Stein und im Obergeschoss aus Holz in Blockbaukonstruktion. Ein schwach geneigtes Satteldach aus Holzschindeln mit Steinplatten machte es den echten Sennhütten sehr verwandt. Unter den an der Fassade angebrachten Haussprüchen fanden sich die noch heute bekannten Sprüche wie zum Beispiel: «Das Hus stoht in Gottes Hand, ach bhüets vor Für und Brand, vörem Sturm und Wassers not, mit äne Wort, lass's sto wies stoht.» Erstaunlich war die Verwendung derartiger Schweizerhäuser in den englischen Landschaftsgärten keineswegs, denn dies gab der herrschenden Schicht die Möglichkeit, ihre Volksverbundenheit zu zeigen. Aus diesem Grunde war die Eremitage in Arlesheim auch der Öffentlichkeit zugänglich. Arlesheim gehörte damals noch nicht zur Eidgenossenschaft, sondern zum Fürstbistum

Der Staubbach bei Lauterbrunnen, Kupferstich W. H. Bartlett.

Chalet Suisse 1787, Eremitage bei Arlesheim, heute noch ein bevorzugtes Erholungsgebiet in der Region Basel.

Basel. Die Nähe zur Schweiz mag dazu geführt haben, dass man sich darum bemühte, ein möglichst echtes Chalet zu erbauen.

Das Haus des naturverbundenen, halbwilden und vor allem noch unverdorbenen Älplers sollte für alle als Vorbild dienen. Wie die Eremitage selbst war das Chalet ein naturhafter Aufenthaltsort und passte deshalb ausgezeichnet in die Naturphilosophie jener Zeit. Andererseits ist zu beachten, dass im Zeitalter der Empfindsamkeit nicht archäologische Treue, sondern pittoreske Effekte erwünscht waren. Das Schweizerhaus musste nicht unbedingt original sein, sondern sollte vor allem Assoziationen wecken. Aus diesem Grunde hatten auch die Schweizerreisen der Erbauer dieser Anlagen selten Einfluss auf die Gestaltung der Schweizerhäuser.

Es erstaunt deshalb, dass bereits 1794 der Basler Seidenbandfabrikant Johann Rudolf Burckhardt im Baselbiet oberhalb von Gelterkinden einen Landsitz in der Gestalt eines Emmentaler Bauernhauses errichten liess (4). Sein klassizistisches Stadthaus in Basel, der Kirschgarten, war bereits eine Art Protest gegen den barocken Stadtpalast. Sein Landsitz in Gelterkinden, die Ernthalde, hingegen war ein Gegenpol zu den barocken Sommersitzen der Basler auf dem Lande. Die Ernthalde oberhalb von Gelterkinden wurde als landwirtschaftliches Mustergut im Stil eines Emmentaler Bauernhauses vollständig in Holz erbaut und mit Schindeln eingedeckt. Das Dach besass die typische Berner Ründe. An den Fassaden waren ebenfalls Haussprüche zu lesen. Auf dem Hofplatz zwischen Ökonomiegebäude, Pächterhaus und Bernerhaus stand ein Brunnen mit einem Fähnchen mit den Wappen der 13 alten Orte der Eidgenossenschaft. Zum Hofgut gehörte auch eine kleine Eremitage mit Weiher, Kapelle, Hüttchen, Ruhebänken und Spazierwegen. Der Erbauer soll dieses Emmentaler Bauernhaus aus Sympathie zum konservativen Bern errichtet haben, wodurch es zum Symbol einer Staatsform wurde. Burckhardt war aber auch ein begeisterter Bewunderer Hallers und der Bilder des Berner Malers Freudenberg. Mitten auf Basler Boden und in einer Juralandschaft stand dieses Berner Bauernhaus als eine Art Fremdkörper. Es war Emmentaler Import, wurde aber damals von Caspar Lavater bewundert. Das Bauernhaus auf der Ernthalde war nicht mehr eine Staffage wie die Schweizerhäuser in den englischen Landschaftsgärten, sondern diente als Landsitz und entstand aus einer patriotischen Gesinnung heraus. Unter diesem Gesichtspunkte war die Ernthalde ihrer Zeit weit voraus. Sie wurde nicht wie das Chalet in der Eremitage vom Landvolk in den Revolutionswirren zerstört, sondern fiel später einem Brande zum Opfer. Der Hof besteht jedoch noch heute, doch stehen dort neue Gebäude. Einzig der gewölbte Keller des Emmentaler Bauernhauses hat sich erhalten.

Ein ähnlicher Bau entstand zu Beginn des 19. Jahrhunderts in Deutschland. Dort liess sich 1822 König Wilhelm I. von Württemberg auf seinem Gestüthof Kleinhohenheim ein Berner Bauernhaus errichten (5). Der Architekt Giovanni Salucci griff dabei nicht mehr einfach auf Elemente von Berner Bauernhäusern zurück, sondern schuf eine getreue Kopie eines Hauses, wie es heute noch im Seeland oder im Emmental anzutreffen ist. Charakteristisch daran ist wiederum die Berner Ründe am Giebel, an welcher der Laie sofort das Berner Bauernhaus erkennt. König und Architekt kannten die Schweiz und wählten offenbar das Berner Bauernhaus, weil sie sich mit diesem als stattlichem Wohnsitz in der freien Landschaft am besten identifizieren konnten. Auch hier war das Bauernhaus mehr als Staffage. Es war ein Zeichen der Verbundenheit zu einer Bauform, die in diese Gegend zu passen schien. Ein zweites, bis ins Detail ähnliches Berner Bauernhaus entstand kurze Zeit später auf dem Gut Manzell am Bodensee.

Wilhelm I. von Württemberg bezeichnete sich gerne als «König der Landwirte». In seinem Berner Bauernhaus bewohnte der Pächter das Erdgeschoss und der König das Obergeschoss. In der Ökonomie befand sich eine Viehzucht mit Schweizer Milchvieh. Die Neigungen und Liebhabereien des Bauherrn deckten sich hier sogar mit der Funktion. Wenn das Berner Bauernhaus in Kleinhohenheim, das 1944 im Bombenhagel des 2. Weltkrieges unterging, als königliche Laune bezeichnet wurde, so ist es sicher wie die Ernthalde bei Gelterkinden mehr als dies. Der Rückgriff in die Vergangenheit und auf vorhandene Bautypen war damals in vollem Gange, wobei diese beiden Beispiele den Anfang markieren. Die gleichzeitig erschienenen «Schweizerhäuser» oder «Swiss Cottages» in den Musterbüchern englischer Akademiker gingen jedenfalls noch nicht so weit.

Auch das Schweizerhaus in den englischen Landschaftsgärten lebte weiter. 1803 liess sich Josephine de Beau-

Schlossanlage von Carlsruhe; das Schweizerhaus im Englischen Garten, ländlich-bäuerliche Szenerie im Rokokogarten, 1787.

harnais in Malmaison bei Paris ein Chalet errichten, und auch Fürst Pückler-Muskau richtete noch 1834 eine Schweizerei als romantische Milchwirtschaft ein. Auch das Schweizerhäuschen auf der Pfaueninsel bei Potsdam, das Karl Friedrich Schinkel errichtete und 1837 publizierte, hatte mit den Skizzen von Bauernhäusern seiner Schweizerreise von 1824 noch keine Beziehung, sondern war ein klassizistischer Holzbau. Dank der Publikation dieses Hauses begann man auch in der Schweiz, sich damit zu beschäftigen. Die Auseinandersetzung mit dem Schweizer Bauernhaus erfolgte in der Schweiz damals nicht aufgrund der eigenen Vorbilder, sondern aufgrund der Publikationen in Deutschland und England.

In England veröffentlichte als erster Peter Frederick Robinson 1822 und 1827 Bauten im Schweizer Stil, wobei es sich weniger um Bauernhäuser als um Wohnhäuser handelte. Robinsons Absicht war die Publikation von Musterhäusern für verschiedene Bauaufgaben. Er schlug sogar einen Landsitz im sogenannten Schweizer Stil vor, ein vergrössertes Chalet, so wie er auch Häuser im griechischen, palladianischen und altenglischen Stil publizierte (6). Als Quelle für das Interesse an der Schweizer Holzarchitektur galt nicht nur Hallers Gedicht über die Alpen, sondern vielmehr noch Schillers Tell von 1804, wo Arnold von Melchtal sagt:

Da steht ein Haus, reich wie ein Edelsitz
Von schönem Stammholz ist es neu gezimmert
Und nach dem Richtmass ordentlich gefügt
Von vielen Fenstern glänzt es wohnlich, hell
Mit bunten Wappenschildern ist's bemalt
Und weisen Sprüchen, die der Wandersmann
Verweilend liest und ihren Sinn bewundert.

Der Schweizer Holzstil galt als Verkörperung des Stils einer arkadischen Landschaft. Diese romantische Sicht der Holzarchitektur war weit verbreitet. Auch die amerikanische Architekturtheorie der Mitte des 19. Jahrhunderts nahm sich des «Swiss Cottage» an und sorgte für seine weite Verbreitung. Das «Swiss Cottage» diente als Muster für Bauten in landschaftlich ähnlichen Gebieten und als Demonstrationsobjekt für materialgerechtes Bauen. Sein Einfluss auf die Entwicklung des amerikanischen Shingle und Stick-Style erwies sich als entscheidender Faktor (7). Die Beschäftigung mit dem Schweizerhaus war ideologisch und nicht formal, weshalb die Muster selten den tatsächlich vorhandenen Schweizerhäusern entsprechen. Man übernahm einige Elemente der schweizerischen Holzbaukonstruktion und entwickelte einen eigenen Chaletstil.

Der bekannte französische Architekt Viollet-le-Duc interessierte sich nicht nur für gotische Kathedralen, sondern auch für die Geschichte des Hausbaus und dessen Ursprung. In seiner 1875 erschienenen «Histoire de l'Habitation humaine» bildete er auch ein Chalet ab, weil er dieses in Verbindung mit der Urhütte sah und seiner Meinung nach im nördlichen Indien und in den schweizerischen Alpen die gleichen Holzbautypen vorkamen. So betrachtet kam der Schweizer Holzarchitektur im zeitgenössischen Architekturschaffen eine wesentliche Rolle zu. Sie galt als Beispiel dafür, wie Funktion, Material, Klima und Volkscharakter ein Bauwerk formen konnten, das nach Meinung der Theoretiker in seiner Einfachheit und Materialgerechtigkeit sogar dem griechischen Tempel nahestand (8).

Der Schritt von der Idealvorstellung zur Beschäftigung mit dem Original erfolgte noch im 18. Jahrhundert. Der Freiburger Architekt Charles de Castella entwarf Bauernhäuser, die ein genaues Studium der historischen Bausubstanz voraussetzen und geschichtliche oder archäologische Interessen einschlossen. Im 19. Jahrhundert publizierten die Berner Architekten Carl Adolf von Graffenried und Ludwig Rudolf von Stürler 1844 die «architecture suisse», eine Auswahl hölzerner Gebäude aus dem Berner Oberland. Ihr Ziel war einerseits die Erhaltung der aufgenommenen Bauten und andererseits die Propagierung dieses Holzstils für Neubauten. Zwei Jahre später legte von Graffenried eigene Pläne für ein Haus im Stile des Berner Oberländer Hauses vor.

Diese theoretische Beschäftigung mit dem schweizerischen Holzbau führte dazu, dass seit der Mitte des 19. Jahrhunderts Schweizer Fabriken seriennmässig Chalets oder Gartenpavillons herstellten und exportierten. Doch der schweizerische Holzstil manifestierte sich auch an internationalen und nationalen Ausstellungen (9). Das «Village Suisse» an der Landesausstellung von 1894 in Genf zeigte einige Holzbauten als Dorf gruppiert. Verschiedene Strömungen romantischer Art sorgten dafür, dass bei der Ausbildung eines nationalen Stiles in der Schweiz das typische Schweizer Chalet nicht vergessen wurde. Neben den üblichen Kopien entdeckte man damals bei einfachen Wohnhäusern in Stadt und Land Zita-

Hohenheim: Grosses Schweizerhaus, erbaut 1782 für Herzog Carl Eugen von Württemberg.

te des ländlichen Stils. Während das vorfabrizierte Chalet die Welt eroberte, beeinflusste die ländliche Architektur den einfachen Hausbau. Die romantische Strömung erkennt man in der Bemühung, die neuen Häuser der Arbeiter oder Kleinbürger so zu gestalten, dass am Haus selbst die bäuerliche Herkunft seiner Bewohner ablesbar ist. Am Schlusspunkt dieser Entwicklung steht wohl das 1908 entstandene Haus des Malers Cuno Amiet in Oschwand, das nicht mehr sein will als ein Berner Bauernhaus dieser Gegend. Parallel dazu entwickelte sich aus dem Schweizerhaus der englischen Landschaftsgärten des 18. und 19. Jahrhunderts so etwas wie ein Schweizerhäuschenstil als eigenartige Stilmischung. In den Ideenmagazinen des beginnenden 19. Jahrhunderts zeigte man noch Chalets oder Schweizerhäuschen neben orientalischen Tempeln oder kleinen Burgruinen. Später verwendete man diesen Stil für alle möglichen Bauaufgaben. Anfangs waren es Bahnhöfe, Restaurants und Ausstellungsbauten, bei denen Motive des Schweizer Bauernhauses verwendet wurden. Später erstellte man in diesem Stile sogar Hotelbauten wie das Hotel Dolder in Zürich von Jacques Gros. Nebenher ging die Erforschung des Bauernhauses am Original weiter. Ernst G. Gladbach, Professor an der neugegründeten polytechnischen Hochschule in Zürich, begann 1857 mit der Aufnahme von Bauernhäusern und veröffentlichte von 1868 an laufend Werke über den Schweizer Holzstil mit detaillierten Darstellungen. Seine Publikationen markieren einerseits den Schlusspunkt der einseitigen Beschäftigung mit dem Holzbau der Schweiz, deren Steinbauten damals nicht beachtet wurden, und andererseits den Beginn der exakten Bauernhausforschung des 20. Jahrhunderts.

Anmerkungen

1 Adrian von Buttlar, Der Landschaftsgarten, Heyne Stilkunde München 1980.
2 Die Gärten der Herzöge von Württemberg. Katalog zur Ausstellung im Schloss Ludwigsburg 1981.
3 H. R. Heyer, Die Kunstdenkmäler des Bezirks Arlesheim, Basel 1969.
4 D. Burckhardt-Werthemann, Das Basler Landgut vergangener Zeit. Basel 1912.
5 H. M. Gubler, Ein Berner Bauernhaus für den König von Württemberg. Unsere Kunstdenkmäler 30. Jg. 1979, Heft 4, S. 380—395.
6 Jacques Gubler, Nationalisme et internationalisme dans l'architecture moderne de la Suisse, Lausanne 1975.
7 Vincent J. Scully Jr., The Shingle Style and the stick Style Revised edition Yale University Press 1955.
8 Jacques Gubler, Viollet-Le-Duc et l'architecture rurale. Unsere Kunstdenkmäler 30. Jg. 1979 Heft 4, S. 396—410.
9 O. Birkner, Bauen und Wohnen in der Schweiz, 1850—1920, Zürich 1975.

Hofgut Ernthalde in Gelterkinden im Berner Bauernhausstil, erbaut 1794.

Die Bauernhausforschung

Wohl nicht zuletzt wegen der Bauernhausromantik des 18. und 19. Jahrhunderts gehört die Schweiz zu den am frühesten und am gründlichsten erforschten Hauslandschaften Europas. Die Grundlage dazu schuf das bis heute massgebende und 1900–1914 erschienene Werk von Jakob Hunziker «Das Schweizerhaus nach seinen landschaftlichen Formen und seiner geschichtlichen Entwicklung» (1). Hunziker war der klassische Vertreter der ethnischen Theorie, wonach die Verschiedenartigkeit der Häuser auf den Ursprung in verschiedenen Völkerschaften zurückzuführen sei. Bereits 1863/64 vertrat Hunziker in einem Vortrag die Ansichten, die zerstreuten Dorfanlagen seien germanischen und die geschlossenen Flekken romanischen Ursprungs, die deutsche Bauart sei der Holzbau und die romanische der Steinbau. Und schliesslich glaubte er, das romanische Haus sei vom altrömischen und das deutsche vom altgermanischen Gehöft abzuleiten.

Alle diese Ansichten halten einer genaueren Prüfung nicht stand. So erklären sich beispielsweise die Streusiedlungen vorwiegend aus der spätmittelalterlichen Landnahme in vorher kaum besiedeltem Gebiet. Auch der Holz- und der Steinbau scheiden sich aus natürlichen und nicht aus ethnischen Gründen in der Nähe der Sprachgrenzen. Ausserdem gehen die heutigen Hausformen nicht ins Altertum zurück, sondern sind erst im Spätmittelalter oder in der Neuzeit entstanden.

Von der einfachen Zweiteilung in romanisches und germanisches Haus gelangte Hunziker später zu einer etwas komplizierteren Unterscheidung in sechs landschaftlich-ethnische Haustypen. Er kam dabei zu folgenden Bezeichnungen: Das keltoromanische Haus im Jura und in der französischen Schweiz, das burgundisch nuancierte Haus im westschweizerischen Gebiet mit dem sogenannten Burgunderkamin, das rätoromanische Haus in den romanischen Teilen Graubündens, das Walserhaus in den Walserkolonien, das alemannische Alpenhaus und das schwäbische Haus im nördlichen Mittelland. Mit diesen Haustypen und Bezeichnungen arbeitete die Bauernhausforschung weiter und stiftete dadurch viel Verwirrung, da sich beispielsweise die Haus- und Sprachgrenzen keineswegs decken.

Die Zuweisung bestimmter Haustypen oder Hausmerkmale an bestimmte Völkerschaften entsprach dem in jener Zeit vorherrschenden Glauben an eine historische Realität dieser Völkerschaften. Hunzikers Forschung war unter diesem Gesichtspunkt eine Suche nach den Urformen des Hausbaus. Seine Betrachtungsweise wurde zu einer nationalistischen, wenn nicht gar rassistischen und war in ihrer Ausschliesslichkeit eine Gefahr für die Forschung. Auch wenn wir heute den Einfluss der völkischen Herkunft der Bauformen weiterhin im Auge behalten, so können wir doch feststellen, dass Hunziker deren Einfluss masslos überschätzt hat. Jedenfalls ist er nicht so gross, als dass man die Bezeichnungen oder die Typologie danach ausrichten könnte, auch wenn dies in Anlehnung an Hunziker heute noch geschieht.

Der Wirklichkeit näher waren zweifellos die Konstruktionstheorien jener Architekten, die sich schon früh mit der Hausforschung beschäftigten. Ein hervorragender Vertreter dieser Richtung im 19. Jahrhundert war Ernst Georg Gladbach mit seinen verschiedenen Werken über die Holzarchitektur in der Schweiz (2). Doch auch Gladbach sprach vom Burgunderkamin und unterschied zwischen romanischer und germanischer Bauart. Er beschränkte sich jedoch auf die getreue und konstruktiv genaue Beschreibung der grossenteils bäuerlichen Holzhäuser aus der Zeit vom 16. bis 19. Jahrhundert. Im Vordergrund seiner Untersuchungen standen der Schmuck, die Stilwandlungen und die Holzverarbeitungen. Dabei fehlten die Wirtschaftsgebäude, die Siedlungsform und der Hinweis auf die Funktion der Gebäude. Als Architekt interessierte ihn nahezu ausschliesslich die Holzbauweise und deren Konstruktion.

Etwas tiefer in die Materie drang der Architekt Hans Schwab, der ebenfalls der Konstruktion den Vorrang gab. Bereits in seiner Berliner Dissertation von 1914 befasste er sich mit den Dachformen des Bauernhauses in Deutschland und der Schweiz, weshalb später bei ihm die Dachformen zum wichtigsten Unterscheidungsmerkmal in der Klassifizierung der Haustypen wurden (3). In seinem 1918 erschienenen Werk «Das Schweizerhaus, sein Ursprung und seine konstruktive Entwicklung» leitete er alle Hausformen Mitteleuropas und damit auch der Schweiz von zwei Urformen ab, von der Wandhütte und von der Dachhütte (4). Unter diesem Aspekt wurde das Blockhaus der Alpen mit seinem flachen Satteldach zum Nachkommen der sogenannten Wandhütte und das Strohdach des Mittellandes zum Nachkommen der sogenannten Dachhütte. Schwab konzentrierte sich somit auf

Le chalet des Aryas, gezeichnet von Viollet-le-Duc, 1875.

zwei augenfällige und im Extremfall entscheidende Konstruktionsmerkmale. In einer weiteren Differenzierung unterschied Schwab zwischen dem oberdeutschen und dem romanischen Alpenhaus und bei letzterem zwischen einem rätoromanischen und einem keltoromanischen Alpenhaus.

Das Fachwerkhaus des Mittellandes bezeichnete er als fränkisches Haus. Dabei ist zu beachten, dass für Schwab die ethnischen Namen nurmehr lokale Kennmarken waren, und nicht im Sinne der Herkunft von bestimmten Völkerschaften wie bei Hunziker Verwendung fanden. Bestimmend für die Klassifikation waren die Konstruktion oder Merkmale des Grundrisses, also der Holzbau, der Steinbau, das Fachwerk oder das Einheitshaus. Leider verquickte er diese mit der Idee, wonach der Steinbau romanisch und der Holzbau deutsch seien.

Zur Konstruktionstheorie als Gegensatz zum völkischen Ordnungsprinzip trat bei Schwab die Entwicklungstheorie mit ihren Urformen. An die Stelle der Herleitung der Hausformen von Völkern trat die Ableitung von Urformen wie Dach- oder Wandhütte. Diese den Naturwissenschaften entliehene Theorie übernahm vor allem Brockmann. Heinrich Brockmann-Jerosch schuf mit seinem Werk «Schweizer Bauernhaus», erschienen 1933 in Bern, die damals umfassendste Gesamtdarstellung dieses Themas (5). Er wandte sich entschieden gegen die ethnische Theorie und die Annahme, völkisches Erbgut sei durch die Völkerwanderungen übertragen worden. Vielmehr sah er im Bauernhaus eine Pflanze, die an Boden und Standort gebunden ist und dadurch seine Prägung erhält. Diese Sicht verleitete ihn zu einer Überschätzung des Alters der heutigen Bauformen. Er glaubte, dass die autochthonen Urtypen von der Pfahlbauzeit oder dem Neolithikum die Einflüsse der römischen Baukunst oder der Völkerwanderung überdauert haben, weil sie an das konstante Klima oder die Wirtschaft einer Gegend gebunden waren. So sah er beispielsweise im sogenannten Dreisässenhaus des schweizerischen Mittellandes mit seinen durch Klima und Wirtschaft bedingten Merkmalen wie Dreschplatz, steilem Strohdach oder Flechtwerk der Wände einen bodenständigen Nachkommen der Pfahlbauhütten jungsteinzeitlicher Getreidebauern. Brockmann glaubte an seine Urtypen als idealtypische Konstruktion, die er aus vorhandenen Formen abstrahierte und in der Vergangenheit idealisierte. Dabei suchte er,

wie Goethe die Urpflanze, das Urbauernhaus. Sein Entwicklungsgedanke baute auf dem Baum und der Höhle auf, wandelte die Urformen Schwabs, die Dachhütte und Wandhütte ab, und ergänzte sie durch die Höhlen- und Grubenwohnung. Schliesslich fand er dadurch eine neue Typologie, in der er vier Hauptgruppen unterscheidet: Das Dreisässenhaus, das Landenhaus, das Gotthardhaus und das Tessinerhaus. Hinzu trat eine regionale Differenzierung. Doch ist zu beachten, dass seine Typologie uneinheitlich ist, weil sie von verschiedenartigen Merkmalen ausgeht. Die Bezeichnung Dreisässenhaus basierte auf einem Grundrissmerkmal, wonach Wohnung, Scheune und Stall unter einem Dach vereint sind. Das Landenhaus leitete er von einem Element der Dachkonstruktion ab. Das Gotthardhaus und das Tessinerhaus benannte er nach der geographischen Verbreitung. Somit lagen seiner Typologie verschiedenartige Merkmale und unklare Bezeichnungen zugrunde.

In natürliche Zonen eingeteilt, entsprachen das Dreisässenhaus dem Mittellandhaus, das Landenhaus dem nordalpinen Haus, das Gotthardhaus dem inneralpinen Haus und das Tessinerhaus dem südalpinen Haus. Dabei fehlte eigenartigerweise das Jurahaus. Diese Bezeichnung nach natürlichen Zonen nahm auch Rücksicht auf die verschiedenen Wirtschaftsarten der betreffenden Gegenden: die Viehzucht im Jura, den Ackerbau im Mittelland, die Viehzucht als Alpwirtschaft im nordalpinen Gebiet, die Viehzucht, den Ackerbau und den Weinbau im inneralpinen Gebiet und schliesslich den Ackerbau und Weinbau im südalpinen Gebiet.

Auf diesem wichtigen Merkmal der Wirtschaftsart wurde eine neue Terminologie der Hausformen aufgebaut. Sie wird noch heute von der Bauernhausforschung verwendet, wobei die Gruppierung nach den natürlichen Zonen heute wichtiger erscheint als die Bezeichnung. Brockmann lieferte ausserdem mit seinen Regen- und Vegetationskarten wichtige Erkenntnisse über das Zusammenwirken verschiedener Faktoren in der Einheit der Landschaft. Man erkannte, dass der Getreidebau der Dreifelderwirtschaft, die Dorfsiedlung und das sogenannte Dreisässenhaus der Trockenzone des Mittellandes entsprechen, während in feuchten Alpenrandzonen mit Weid- und Graswirtschaft die Einzelhofsiedlungen vorkommen. Brockmann lieferte damit nicht nur eine Erklärung der natürlichen Zusammenhänge der Siedlungs- und Haus-

Landhaus im Schweizerstil; aus: S.H. Brooks' Design for Cottage and Villa Architecture, London, etwa im Jahre 1839.

formen, sondern auch Hinweise auf die Funktion, die Lebenseinheit zwischen Haus und Siedlung. Fragwürdig bleibt Brockmanns Zuweisung zu gewissen Urtypen, die er nur durch Auswahl und Interpretation erzielte und dadurch auch das Vorhandene verfälschte. Immerhin ist seine Typologie in der heutigen Bauernhausforschung noch lebendig und vor allem in der Volkskunde verwurzelt.
Aufgrund dieser neuen Erkenntnisse entwickelte der Volkskundler Richard Weiss seine funktionelle Betrachtungsweise, die er erstmals 1946 in seinem Werk «Volkskunde der Schweiz» publizierte (6). Er unterschied zwischen materialbedingter Bauweise wie Blockbau und Fachwerkbau und wirtschaftsbedingten Bauten wie das Viehzüchterhaus der Alpen und das Ackerbauernhaus des Mittellandes. Das Schwergewicht lag aber damals im volkstümlichen Bauen und Wohnen. Einen Schritt weiter in dieser Richtung wagte er 1959 mit seinem Werk «Häuser und Landschaften der Schweiz», indem er die funktionalistische Theorie analytisch darstellte (7). Dies hatte zur Folge, dass er die komplexen Haustypen in ihre Elemente auflöste. Weiss war der Auffassung, dass man nur einzelne Merkmale oder Elemente von Bauten und Siedlungen, aber niemals komplexe Typen in genau umschriebener Raumbildung darstellen könne. Vor allem seine karthographische Darstellung der Hauselemente erlaubte ihm eine analytische Untersuchung, die in der Zergliederung zu einem neuen Verständnis der Zusammenhänge führen sollte. Seine Karte mit den lokaltypischen Hausformen enthielt lediglich Beispiele und war nicht abschliessend gedacht. Die Landschaftstypen ergaben sich bei Weiss aus der Natur und der dadurch bedingten Wirtschaft, wobei er vom Beziehungsreichtum der Natur und Landschaft zum Menschen, dessen Wirtschaftsweise, Hausform und Geräteschaft ausging und dadurch eine saubere Scheidung der Gesichtspunkte erhielt. Richard Weiss ging zuerst auf die Baustoffe und Bauweisen ein, untersuchte den Stein- und Holzbau und vertiefte seine Analyse in Details wie Dach und Fach, Herd und Ofen, Wohnung und Haus, Hof und Boden, Dorf und Landschaft.
Damit trug Weiss eine für jene Zeit erstaunliche Fülle aus volkskundlicher Sicht bei. Dass ihn dabei die Entwicklung der Haustypen und deren Geschichte weit weniger interessierte, lag wohl in der Belastung dieses Aspekts durch seine Vorgänger. Dass aber diese von Weiss gewonnenen Erkenntnisse sich nicht allein auf die Bauernhäuser beziehen, sondern den Hausbau schlechthin, also auch jenen in der Stadt, umfassen, hat vor allem Albert Knoepfli im Kapitel Holzhaus und Zimmermannskunst in seiner Kunstgeschichte des Bodenseeraumes von 1969 (8) gezeigt.
Die jüngste Gesamtdarstellung über die Bauernhäuser stammt von Max Gschwend in seinem 1971 erschienenen Bändchen «Schweizer Bauernhäuser» (9). Gschwend knüpft an Richard Weiss an, indem er dem Material, der Konstruktion und der Einteilung den Vorrang gibt, jedoch auf die landschaftliche Bindung verzichtet. Dabei führt Gschwend neue Bezeichnungen ein, die er an die Stelle jener von Hunziker setzt. So lehnt er beispielsweise die Bezeichnung Dreisässenhaus ab und ersetzt sie durch den Ausdruck Vielzweckbau oder andere mehr lokaltypische Bezeichnungen. Grundsätzlich bietet er aber dafür keinen adäquaten Ersatz, so dass die Bezeichnung Dreisässenhaus weiterhin verwendet wurde. Dagegen ignoriert Gschwend die Tatsache, dass die lokaltypischen Merkmale sich mit der baulichen Entwicklung der Jahrhunderte änderten. Seine völlig ahistorische Betrachtungsweise vermeidet auch stilistische Unterschiede wie Spätgotik, Barock und Klassizismus. Die Beschränkung auf das Material, die Konstruktion und die Einteilung als Hauptkriterien schliesst eine sinnvolle Klassifizierung nach Typen vollständig aus. Die von Weiss vorgeschlagene landschaftliche Bindung fällt ebenfalls weg. Gschwend geht in seinen Ausführungen nicht mehr von der Hausform als Ganzem aus, sondern bietet eine Auslegeordnung mit neuen Bezeichnungen, die sich auf das Baumaterial, die Konstruktion, die Funktion und die Raumordnung beschränken. Damit öffnete er der Forschung neue Wege, die in den ausführlichen Darstellungen der einzelnen Kantone im Rahmen der Reihe «Die Bauernhäuser der Schweiz» beschritten wurden (10). An die Stelle der Zusammenfassung der Bauten unter dem Gesichtspunkte einer Typologie trat eine Ausbreitung des Materials nach den von Gschwend genannten Gesichtspunkten. Unbefriedigend an dieser neuen Methode ist zweifellos nach wie vor das Auswahlprinzip, obschon damit nun auch sämtliche ländlichen Bauten also auch die Schulhäuser, Gewerbebauten, Pfarrhäuser etc. erfasst wurden. Nur das städtische Haus blieb nach

La Forclaz, Haus des Regent (Lehrer) vor 1878, aus: Holzbauten der Schweiz von Ernst Gladbach, 1893.

wie vor ausgeklammert. Die ahistorische Konzentration auf die Merkmale des Baumaterials, der Konstruktion, der Funktion und der Raumordnung führte wiederum zu den klassischen Idealvorstellungen, an denen die Bauten gemessen werden. Mit anderen Worten, die alten Idealvorstellungen wurden durch neue ersetzt.

Im Vordergrund der neueren Untersuchungen nach einzelnen Kantonen stehen die Siedlung, ihre Struktur und Geschichte sowie die Siedlungstypologie. Es folgen die Baugattungen, die in bäuerliche Bauten, öffentliche Bauten oder Gewerbebauten unterteilt werden. Ihnen schliesst sich die Hauskonstruktion an: das Dach, die Öffnungen und Zugänge, die Einrichtung und Gestaltung mit Herd, Kamin und Öfen, Decken und Täfer, Inschriften und Zeichen. Dabei entsteht eine Aufzählung und eine Selektion nach neuen typologischen Gesichtspunkten. Diese verhindert eine klare Aussage und ein vollständiges Inventar. Dabei wäre es doch bedeutend einfacher, das Bauernhaus historisch, d.h. in seiner baulichen Entwicklung zu erfassen. Auf diese Weise erführen wir, wie sich die Dörfer und Bauernhäuser im Laufe der Jahrhunderte gewandelt haben. Ausserdem wäre die Wechselwirkung zwischen Stadt und Land zu beachten. Im Mittelalter dürften die Häuser der Landstädte kaum anders ausgesehen haben als jene der Dörfer. Bekanntlich war der Einfluss städtischer Bauformen auf die ländliche Bausubstanz später enorm. In gewissen Gebieten ist die Verdrängung des Holzbaus und die sogenannte «Versteinerung» der Dörfer ohne das Einwirken der Städte nicht denkbar. Doch spielte in der Entwicklung auch die politische Zugehörigkeit eine wesentliche Rolle. So bestünde beispielsweise das in der Nähe von Basel liegende Allschwil als Fachwerkdorf nicht mehr, wenn es nicht zum Fürstbistum Basel gehört hätte, denn in den zur Stadt Basel gehörenden Nachbargemeinden ist das Fachwerk im Laufe des 17. und 18. Jahrhunderts durch Steinbauten verdrängt worden. Eine eigentliche Geschichte des Hausbaus unter den politischen und baugeschichtlichen Aspekten fehlt leider noch immer. Im Gegensatz zu früher schwelgt man heute im Detail und kümmert sich nicht mehr um die Zusammenhänge, die doch auf der Hand liegen. Die Entwicklung des Bauernhauses von seinen Anfängen bis ins 19. Jahrhundert ist noch nicht geschrieben. Auch die neuen Fachausdrücke helfen wenig, solange sich die Bauernhausforschung nicht neue Ziele steckt. Ein Lichtblick in der Bauernhausforschung ist zweifellos der erste Band über die Bauernhäuser des Kantons Zürich von Christian Renfer, erschienen 1982 (11). Er umfasst zwar nur das Gebiet des Zürichsees und das Knonaueramt, beschreitet aber in der Darstellung neue Wege, die sich vom rein volkskundlichen Beschreiben loslösen. Ausser der geographischen Gliederung wird auch die politische und wirtschaftliche Entwicklung bis ins 19. und 20. Jahrhundert hinein untersucht. Die Siedlung wird nicht mehr nur in ihren Typen vorgestellt, sondern im Besiedlungsvorgang ausgewertet, wobei ihre Entwicklung bis ins 19. Jahrhundert hinein erfasst wird. Auch das Gehöft wird nach der Wirtschaftsform, der Funktion und Anlage aufgenommen. Die Konstruktionsarten wie Wand und Dach werden in ihrer Entwicklung dargestellt. Als Kunsthistoriker wendet sich Renfer vor allem dem Einzelbau zu und schildert dessen Entwicklung vom 16. bis ins 19. Jahrhundert. Renfer gibt auch zu, dass die typologische Analyse eine ganzheitliche Darstellungsweise von Bauwerken und ihrer Ausstattung verhindert. Ausserdem bekennt er, dass der typologischen Darstellung ein vollständiges Bauernhaus-Inventar folgen müsste. Tatsächlich weist er damit auf einen Kardinalfehler der heutigen Bauernhausforschung. Nachdem diese angesichts der Materialfülle dazu übergegangen ist, nicht mehr ganze Kantone, sondern einzelne Gebiete zu erfassen, müsste sie konsequenterweise die selektive typologische Darstellung endlich aufgeben und topographisch vorgehen. Als Vorbild könnten dazu die beiden Kunstdenkmälerinventare von Walter Ruppen über das Goms dienen (12). Ruppen schickte seinem Inventar einen Abschnitt über die Gebäudetypen dieser Gegend voraus, so dass er im Anschluss daran unbelastet von der Typologie ein nahezu vollständiges Hausinventar anlegen konnte.

Offensichtlich krankt die heutige Bauernhausforschung noch immer an der vollständig überholten Typologie. Erst wenn sie diese aufgibt oder mit dem heute unumgänglichen Inventar verbinden kann, wird sie sich retten können. Denn nur die Erfassung der ganzen Siedlung und ihrer gesamten historischen Bausubstanz vermittelt uns ein vollständiges Bild der ländlichen Baukultur. Die zeitgenössische Bauernhausforschung müsste sich von der Auswahl aufgrund einer Typologie loslösen, die Typologie mit einem Inventar und einer baugeschichtlichen Entwicklung verbinden und dabei eigentliche Monographien von Ortschaften und Häusern entstehen lassen. Vorbild dafür wäre zweifellos das Inventar der Kunstdenkmäler der Schweiz, das zum Teil auch die Bauernhäuser erfasst, sie jedoch meist nicht typologisch ordnet.

Anmerkungen

1. J. Hunziker, Das Schweizerhaus nach seinen landschaftlichen Formen und seiner geschichtlichen Entwicklung, Bd. 1–8, Aarau 1900–1914.
2. E. G. Gladbach, Die Holzarchitektur der Schweiz, Zürich 1876.
3. H. Schwab, Die Dachformen des Bauernhauses in Deutschland und in der Schweiz, Diss. Berlin 1914.
4. H. Schwab, Das Schweizerhaus, sein Ursprung und seine konstruktive Entwicklung, Aarau 1918.
5. H. Brockmann, Schweizer Bauernhaus, Bern 1933.
6. R. Weiss, Volkskunde der Schweiz, Erlenbach-Zürich 1946.
7. R. Weiss, Häuser und Landschaften der Schweiz, Erlenbach-Zürich 1959.
8. A. Knöpfli, Kunstgeschichte des Bodenseeraumes, Bd. 2, Sigmaringen 1969.
9. M. Gschwend, Schweizer Bauernhäuser, Bern 1971.
10. Die Bauernhäuser der Schweiz, herausgegeben von der Schweiz. Gesellschaft für Volkskunde und der Aktion Bauernhausforschung der Schweiz. Bis 1982 erschienen 9 Bände.
11. Christian Renfer, Die Bauernhäuser des Kantons Zürich, Zürichsee und Knonaueramt, Basel 1982.
12. W. Ruppen, Die Kunstdenkmäler des Kantons Wallis, Bd. 1, Das Obergoms, Basel 1976.

Speicher in Langnau, aus: Schweizer Holzstil von Ernst Gladbach, 1879.

Haus «zum Sterne» Rüti, aus: Holzbauten der Schweiz von Ernst Gladbach, 1893.

Die Bauernhaus-Nostalgie

Die Symptome

Die sich in den vergangenen Jahren steigernden Symptome der Bauernhaus-Nostalgie sind verschiedenartig. Im Vordergrund steht die Suche nach einer heilen Welt, die Flucht aus den unwirtlich gewordenen Städten aufs Land. Auf dem Wege dieser Rückkehr aufs Land, nach einer jahrzehntelangen Landflucht, wird das Bauernhaus zum begehrten und gesuchten Umbauobjekt, weil es am besten das idealisierte und idyllisierte Bild des Bauernlebens erfüllen kann. Oft genügt es nicht, dass diese Bauernhäuser umgebaut und der Öffentlichkeit als Teil eines Ortsbildes erhalten bleiben. Man strebt nach mehr. Hat man bereits ein Ortsmuseum mit all dem, was an die Vergangenheit erinnert, eingerichtet, dann folgt als nächster Schritt der Kauf eines Bauernhauses, das als Bauernhausmuseum umgewandelt der Öffentlichkeit zugänglich ist. Die Rekonstruktion dieser Museen wird mit einer mustergültigen Akribie vollzogen, so dass nur noch die darin lebende Bauernfamilie fehlt. Diese Erscheinung erklärt auch den Erfolg des Freilichtmuseums auf dem Ballenberg, wo das Innere der Häuser noch in einer bestimmten Funktion gezeigt wird. Das Leben auf dem Bauernhof wird auf diese Weise zum Inbegriff des natürlichen Lebens auf dem Lande hochstilisiert. In diese Idealvorstellung passt das Phänomen, dass Jugendliche wieder vermehrt den Bauernberuf ergreifen wollen. Damit verbunden ist auch die Entdeckung früherer und deshalb natürlicher Anbaumethoden. Das Interesse an der sogenannten heilen Landwirtschaft wächst, geht aber an der Wirklichkeit vollständig vorbei. Das Bauernhaus selbst wird in diesem Zusammenhang zum Statussymbol. Junge Architekten, Künstler oder Lehrer etc. bauen für sich nicht mehr neuzeitliche Häuser, sondern richten ein altes Bauernhaus ein. Sie beschränken sich aber in der Regel nicht auf ihr Bauernhaus, sondern interessieren sich auch für die Umgebung, das Dorf, in dem das betreffende Bauernhaus steht. Sie veranlassen die Behörden zu neuen Bauvorschriften, Planungen und Baureglementen, die nicht mehr für neues Bauen, sondern für die Erhaltung der historischen Bausubstanz sorgen sollen. Der Schweizer Heimatschutz zeichnet die so erhaltenen Dörfer mit einem Preis aus. Je weniger erhalten ist, je mehr will man von dieser Restsubstanz noch retten. Dagegen ist dort, wo das Dorf noch intakt erscheint, das Verständnis für die Erhaltung noch gering. In der Euphorie der Bauernhaus-Nostalgie werden jedoch überall neue Wertmaßstäbe gesetzt. Auch das vom Gesichtspunkt der Denkmalpflege nicht Erhaltenswerte will man erhalten. Bauernhäuser, die weder einen hohen Eigenwert noch einen Situationswert besitzen, sollen geschützt werden. Man fällt von einem Extrem ins andere.

Ursachen

Die Ursachen dieser Entwicklung gehen weit zurück. Das Bauernhaus wurde in der Nachkriegszeit sträflich vernachlässigt. Oft war es nur noch ein Abbruchobjekt oder diente als Unterkunft für Gastarbeiter, die mit den mangelnden sanitären und hygienischen Einrichtungen zufrieden waren. Für den Durchschnitt der Bevölkerung hielt das Bauernhaus dem gesteigerten Bedürfnis des Wohnkomforts nicht stand und wurde abgeschrieben. Man zog das Einfamilienhaus von der Stange oder die Mietwohnung im Wohnblock vor.

Auch die Denkmalpflege kümmerte sich nur am Rand um die Bauernhäuser und konzentrierte sich auf einige kunsthistorisch oder konstruktiv wertvolle Einzelobjekte. Ausgangspunkt dieser Situation war das Schwinden der Bauernbetriebe zuerst in stadtnahen Gemeinden und später auch auf dem Lande. Überall standen Bauernhäuser und vor allem deren Scheunen leer. Man fand für sie keine neue Funktion oder einen anderen Verwendungszweck. Aussiedlungen von Betrieben im Zusammenhang mit Meliorationen liessen weitere Bauernhäuser selbst in entlegenen Gemeinden leer stehen. Man sah für sie keine Rettung, da sie ausgedient hatten. Im besten Falle konzentrierte man sich auf die Erhaltung eines einzelnen Bauernhauses, das daran erinnern sollte, dass die heutige Wohnsiedlung einst ein Bauerndorf war. Der Rest, d.h. das übrige Dorf, sollte aufgrund von zeitgemässen Planungen einer Neuüberbauung weichen.

Die Wende in dieser Entwicklung kam von aussen. Man war der modernen Architektur überdrüssig geworden, weil diese vollständig verarmt war. In formaler Hinsicht betraf dies den Verlust des Handwerks und die Normierung der Bauelemente und schliesslich der Grundrisse. Hinzu trat das Fehlen einer sozialen Bindung der modernen Architektur, die Vereinsamung in der nivellierten Alltagsarchitektur und in den Streubausiedlungen, in denen die Geborgenheit des Dorfes fehlt. Und schliesslich empfand man die Verwechselbarkeit der Bauten, wenn

Trubschachen, ein Krämerhaus im Schweizer Holzstil von 1890.

Wohnblock, Spital oder Schule sich einander anglichen. Die moderne Architektur war nicht mehr Bedeutungsträger wie das Bauernhaus oder andere historische Bauten. Der Verlust des Handwerks durch die Fabrikation oder die Vorfabrikation, der Verlust der Individualität in der Massenproduktion und das Vorherrschen des Konsumgutes anstelle des Kulturgutes hinterliessen ein Unbehagen. Die ideellen Werte waren allzusehr durch rein materielle ersetzt worden. Mit anderen Worten: Die Seele des Menschen, das Humane kam zu kurz. Der Mensch sah sich von der Technik bedroht und suchte im Bauernhaus eine von der Technik noch unversehrte Welt. Zweifellos kannte man schon in früheren Zeiten derartige Entwicklungen und Strömungen, aber der Bogen war noch nie derart überspannt worden. Noch nie sah der Mensch sein Leben und seine Umwelt so stark bedroht. Kein Wunder, wenn er sich in eine heile Welt zurücksehnte. Waren es bei ähnlichen Strömungen in vergangenen Jahrhunderten nur Einzelne, so sind es heute ganze Schichten der Bevölkerung, die eine neue Heimat suchen oder zumindest ihre Gefühle in der Vergangenheit geborgen wissen wollen. Für viele sind dies nicht nur Bauernhäuser, sondern kleine Gegenstände wie Spinnräder, Dreschflegel, Wagenräder oder Bügeleisen, für andere sind es die Bauernmöbel oder die Bauernmalerei. Sie alle finden aber im Bauernhaus Gotthelf'scher Prägung den Höhepunkt, wodurch das Bauernhaus zum Topos für eine heile Welt wurde.

Positive Aspekte
Wie alle Erscheinungen, so hat auch die Bauernhauseuphorie ihre negativen und positiven Seiten. Der Hauptnutzniesser dieser Entwicklung ist zweifellos der Denkmalpfleger. Nun endlich kann er die einst vom Abbruch bedrohten Häuser retten. Nun findet er jene Bevölkerungsschicht, die es sich leisten kann, ein Bauernhaus umzubauen und zu restaurieren. Mit jedem restaurierten Bauernhaus steigen die Chancen für die Rettung der andern, da das Vorbild bekanntlich Schule macht. Wer träumt denn angesichts der verbauten Umwelt und der schematisierten Wohnung nicht auch von einem Bauernhaus in einem noch intakten Dorf oder noch besser im Grünen? Abbruchkandidaten werden unter diesen Umständen zu Umbauobjekten, die in der Regel fachgerecht restauriert, subventioniert und unter Denkmalschutz gestellt werden. Schliesslich stellt man sie in den Medien als vorbildliche Leistungen vor und zeigt sie sogar der interessierten Bevölkerung an einem Tag der offenen Tür. Die während Jahrzehnten belächelte historische Bausubstanz wird wieder geschätzt und erhält schliesslich einen antiquarischen Wert. Die Jagd aufs Bauernhaus hat begonnen!

Um diese Entwicklung zu fördern, werden Planungen der Hochkonjunktur revidiert. Der Heimatschutz tritt aus seiner defensiven Haltung heraus. Die Architekten wagen es kaum mehr, einen Ortskern ohne den Denkmalpfleger zu betreten. Der Häuserspekulant meidet den Ortskern, weil ihm ein Hauskauf dort nur Schwierigkeiten bringt. Umbau- oder restaurierungsunwillige Hausbesitzer verkaufen ihre Bauernhäuser an Liebhaber. Auf Inserate zum Verkauf von Bauernhäuser melden sich Dutzende von Interessenten. Trotz oder gerade wegen der strengen Baureglemente steigen die Bodenpreise.

Die Strassen in den historischen Ortskernen werden redimensioniert, damit die alten Bauernhäuser stehen bleiben können. Ausserdem achtet man vermehrt auf die Umgebung, die Vorplätze und Vorgärten. Ja, man entdeckt in den alten Dörfern sogar die Strassenräume und gestaltet diese mit besonderer Sorgfalt.

Negative Aspekte
Im Vordergrund der Gefahren der Bauernhausnostalgie stehen der Verlust an historischer Bausubstanz durch die Umbauten und der Verlust der ursprünglichen Funktion und des sozialen Gefüges des Dorfes.

Aus der Sicht der Denkmalpflege ist der Verlust an historischer Bausubstanz am schwersten zu bewerten. Bei den Umbauten werden die neuen Funktionen oft so integriert, dass notgedrungen wertvolle historische Bausubstanz zerstört wird. Dies gilt vor allem für das Innere, wo die Restsubstanz dem Geschmack des jeweiligen Architekten oder Hausbesitzers entsprechend rustikal oder modern, selten aber fachgerecht restauriert wird. Die Bauernhäuser werden überinstrumentiert. Räume, die — wie beispielsweise die Estriche — vorher nur untergeordneten Zwecken dienten, werden zu Wohnzwecken aktiviert, weil sie besonders attraktiv sind. Die Bauernhausromantik sucht mit Vorliebe die Geborgenheit der Dachräume. Das einst als Einfamilienhaus verwendete Bauernhaus wird zum Mehrfamilienhaus, zum Geschäftshaus oder

Ausbau einer Scheune für Wohnzwecke, Haus Zehntner in Reigoldswil von Martin Erny, Architekt, 1979–81.

zum Atelier. Selbst wenn diese neuen Funktionen mit grosser Sorgfalt eingefügt werden, so ergibt sich ein Verlust an historischer Bausubstanz durch den gesteigerten Wohnkomfort. Denn der neue Besitzer will die Errungenschaften der Technik wie Heizung, Badezimmer oder sogar Lift nicht missen. Integrale Erhaltung ist deshalb selten. Die während Jahrzehnten vernachlässigte Bausubstanz lässt eine fachgerechte sanfte Restaurierung oft gar nicht mehr zu. So kommt es denn schliesslich trotz allem zur Fassadendenkmalpflege. Während das Wohnhaus noch eher erhalten werden kann, leidet vor allem der Ökonomieteil. Hier liegt denn auch die Krux dieser Umbauten. Ausgerechnet die Ökonomie, die das Bauernhaus von anderen Häusern unterscheidet, muss sich am meisten gefallen lassen. Die Umnutzung der Ökonomie stellt deshalb die grössten Probleme und die höchsten Anforderungen. Oft wäre es deshalb ehrlicher, auch diese zu einem Wohnteil umzugestalten. Die Frage, was am zweckdienlichsten in einer ungenutzten Ökonomie untergebracht werden kann, ist noch nicht gelöst. Sie muss von Fall zu Fall neu überdacht werden und kann oder lässt sich nur am Objekt selbst entscheiden.

Anders steht es mit der Umschichtung des sozialen Gefüges. An die Stelle der Tauner oder Kleinbauern treten kapitalkräftige Eigentümer. Dieser Wechsel bewirkt eine Komfortsteigerung und dadurch auch einen Verlust an Bausubstanz. Er ist aber sozial betrachtet bei den Bauernhäusern nicht entscheidend, da in der Regel die ursprünglichen Hausbewohner ihr Bauernhaus längst aufgegeben haben. Mit anderen Worten, es werden keine Leute aus billigen Wohnungen vertrieben, denn diese haben die Bauernhäuser längst verlassen. Insofern ist die soziale Komponente beim «Patient Bauernhaus» nicht ausschlaggebend.

Zusammenfassend muss man deshalb zugestehen, dass die Bauernhausnostalgie wenn auch nicht immer die beste, so doch die einzige Rettung für das Bauernhaus ist. Der Gedanke der integralen oder zumindest sanften Umnutzung verstärkt sich und wird sich mit der Zeit auch durchsetzen, denn er allein verbürgt eine sichere, ideelle und materielle Wertsteigerung dieser Gebäude.

Der Einfluss auf die moderne Architektur
Die Bauernhauseuphorie macht selbstverständlich vor der modernen Architektur nicht Halt. Diese steckt zu tief in einer Krise, als dass sie nicht von verschiedenen Strömungen beeinflusst würde. An die Stelle des Symbols für das Moderne, das Flachdach, ist das Satteldach oder das noch reizvollere Krüppelwalmdach getreten. Das Satteldach wurde nicht nur zum Symbol der Postmoderne, sondern stimuliert Geborgenheit und ist in vielen Fällen dem Bauernhaus entlehnt. Hinzu treten in neuerer Zeit Kopien von historischen Bauten, meist Fachwerkbauten in Fachwerkdörfern, aber auch in Streubausiedlungen ohne direkten Zusammenhang mit einem Ortskern, denn auch das Fachwerk wird zu einem Stück Nostalgie. Wir finden es an restaurierten Bauten selbst dort, wo es früher nicht sichtbar war. Wir begegnen ihm aber auch an Neubauten, wo es offensichtlich nostalgische Gefühle befriedigt. Zitate von Bauernhäusern finden sich aber auch an einfachen Einfamilienhäusern. Fachgerecht kopierte ländliche Bauten finden wir vor allem in den Bergregionen, wo neue Überbauungen des Tourismus sich auf diese Weise in die Landschaft einfügen wollen. Selbst Grossbauten wie Hotels werden in der Form von überdimensionierten Chalets errichtet. Diese hinterlassen denn auch in der Regel ein ungutes Gefühl. Dabei ist zu beachten, dass gerade das Chalet sich ohne Mühe vom 18. und 19. Jahrhundert ins 20. Jahrhundert hinüberretten konnte. Es war mehrere Jahrzehnte vor der heutigen Bauernhausnostalgie in Gegenden eingedrungen, die es früher nicht kannten und in denen es als Fremdkörper wirkt. Anfangs wehrte sich sogar der Heimatschutz gegen die Verpflanzungen, doch vergeblich. Das Chalet erlebte auf seinem Siegeszug durch die ganze Schweiz keine merklichen Hindernisse und wird nun als selbstverständliche Bauform innerhalb des Pluralismus der heutigen Architektur geduldet. Auch die moderne Architektur vermochte es auf ihrem Höhepunkt nicht zu verdrängen. Das Chalet wurde zur begehrten Zweitwohnung in den Alpen, aber auch zum beliebten Einfamilienhaus in stadtnahen Gemeinden. Noch heute handelt es sich meist wie im 19. Jahrhundert um vorfabrizierte Bauten, die unbekümmert um die Landesgegend überall etwa gleich aussehen.

Neben den Kopien ländlicher Bauten finden wir die von der ländlichen Architektur beeinflusste Anpassungsarchitektur. Sie war den zünftigen Architekten der Moderne ein Greuel und wird auch heute noch verachtet. Sie erlebte aber schon relativ früh die Förderung durch den

Landwirtschaftsbetrieb «Tanterdossa» in Scuol
von B. Vital, Architekt, 1979–80.

«Chlepfes», ein Wohnmodell in Appenzell von Metron-Architekten, 1973.

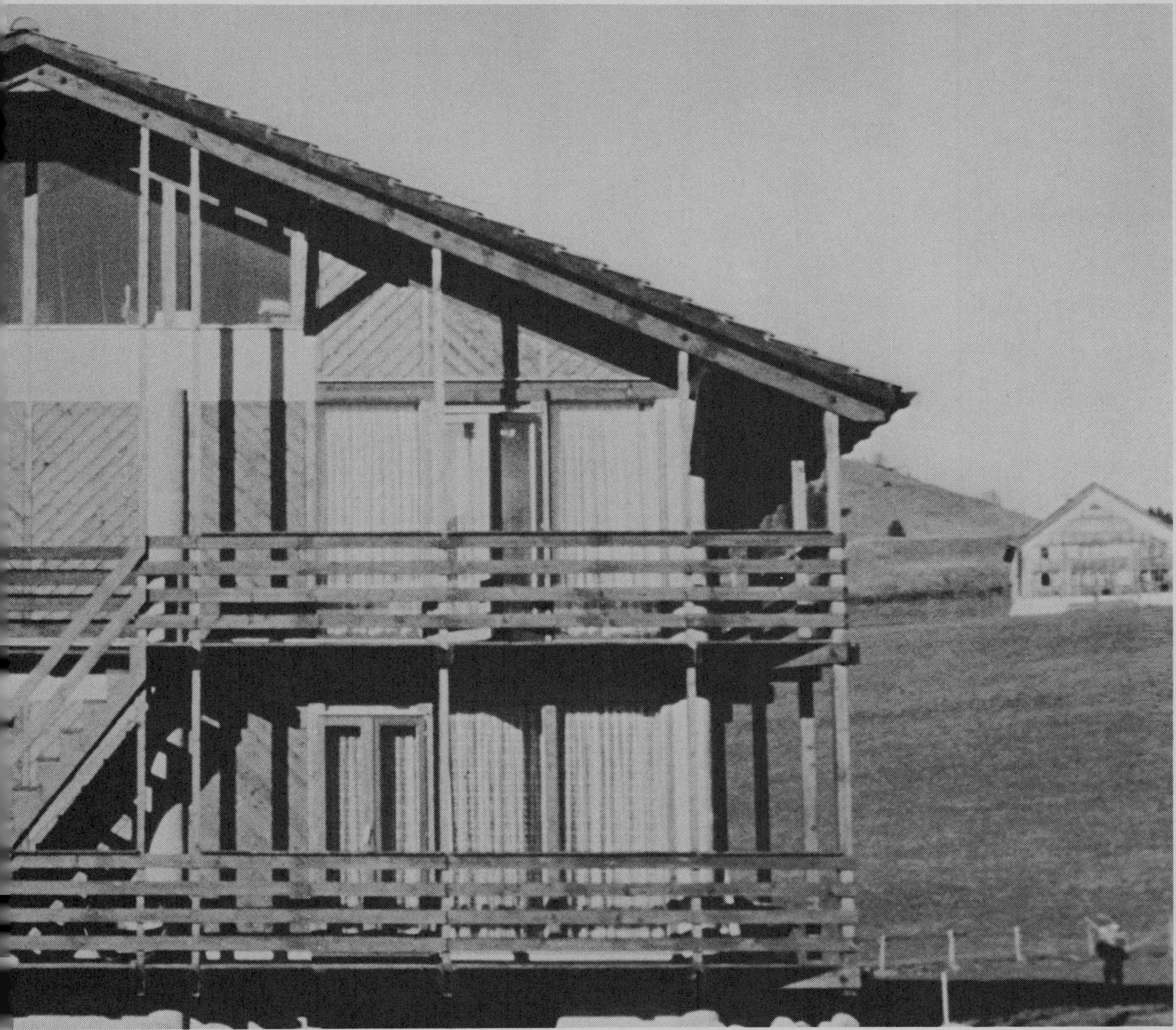

Allschwil, das Sundgauerdorf in der Schweiz, eine Auszeichnung durch den Europarat 1975, Inventarisation des Dorfkerns von Peter Fierz, Architekt, 1973–74.

Heimatschutz, auch wenn dieser diesen Neubauten in alten Dorfkernen eher skeptisch gegenübersteht. Eines der ersten gekonnten Beispiele dieser Art ist das 1966–1970 von den Architekten Rolf Keller und Fritz Schwarz erbaute Gemeindezentrum Mittenza in Muttenz. Der Versuch einer Einfügung in einen Ortskern erfolgte hier durch die schöpferische Interpretation der ländlichen lokalen Architektur. Neubauten dieser Art suchten einen Mittelweg zwischen dem sogenannten Heimatstil und der Moderne. Diese recht schmale Gratwanderung gelang allerdings nicht überall überzeugend. Die Baubehörden waren angesichts dieser Projekte in einer nicht beneidenswerten Situation. Die moderne Architektur liefert für derartige Bauten leider noch keine überzeugende Alternative.

Im Zusammenhang mit der ländlichen Architektur müsste eigentlich auch das Dorf besprochen werden, da dieses doch am ehesten das Motiv des ländlichen Lebens beinhaltet. Nicht umsonst wurde bereits im 18. Jahrhundert jener Teil des Parks von Hohenheim, der die ländlichen Bauten umfasste, damals «Dörfle» genannt. Im 19. Jahrhundert war das Dorf jeweils das beliebteste Thema von kantonalen oder nationalen Ausstellungen. Der wohl letzte Nachzügler dieser Art war das Landidörfli an der Landesausstellung von 1939 in Zürich. Es war dort sozusagen zum Symbol der Schweizer Architektur emporstilisiert. Sein Einfluss auf die nationale Architektur ist unbestritten, doch findet sich dieser vor allem in Einzelbauten und nicht in Dörfern. Es erstaunt, dass das Dorf selbst nicht übernommen worden ist. Neue ländliche Dörfer sind selten. Der Zug in die Stadt war im 19. und 20. Jahrhundert zu gross, als dass man es gewagt hätte, neue Dörfer zu errichten. Vielmehr ist es so, dass sich neue Siedlungen ausserhalb der Städte oder am Stadtrand Dorf nannten. Das wohl schönste Beispiel dieser Art ist das Freidorf bei Muttenz, erbaut 1919–1924 von Hannes Meyer. Der Architekt nannte es selbst ein Gebilde, halb Kloster und Anstalt, halb Gartenstadt und Juradorf. Im Rückblick ist jedoch anzumerken, dass der städtische Charakter stärker ist als der ländliche. Die Beschäftigung mit dem Dorf setzte in den 70er Jahren erneut ein und hinterliess das eher zwiespältige «Seldwyla» von Rolf Keller. Jedenfalls zeigt sich hier, dass die ländliche Architektur allein noch kein Dorf ausmacht.

Das Bauernhaus
Betrachten wir das Bauernhaus von seiner Funktion her, so fällt auf, mit welcher Konstanz es sich den jeweiligen Erfordernissen der Zeit anzupassen vermochte. Je nach Bedürfnis oder Lage entwickelte sich sein Wohnteil oder seine Ökonomie. Im Wohnteil finden wir oft Funktionen, die nicht direkt mit der Landwirtschaft zusammenhängen. Oft war er zugleich Wirtshaus, Bäckerei oder ein Laden. Oft diente er auch der Heimindustrie, wie beispielsweise der Posamenterei. Nicht nur das Bauernhaus als Ganzes, sondern oft allein der Wohnteil war ein Mehrzweckbau. Je nach wirtschaftlichen Verhältnissen entwickelte sich auch die Ökonomie. Auch sie konnte anderen Funktionen dienen. Wir finden darin Schmieden, Spenglereien, Schlossereien und andere Handwerksbetriebe. Nach der Aufhebung der Dreifelderwirtschaft entstanden im 19. Jahrhundert vermehrt grössere Ökonomien, die von der neuen Art der Bewirtschaftung des Bodens verursacht waren. Es ist deshalb interessant zu beobachten, dass die Mehrzahl der erhaltenen Bauernhäuser aus dem 18. und 19. Jahrhundert stammen. Dies gilt vornehmlich für die Bauernhäuser in den Dörfern. Ausserhalb der Dörfer hingegen und in den Streusiedlungen konnten sich die vorhandenen Höfe ungehindert vergrössern. Neue Höfe entstanden in der Regel erst nach der Aufhebung des Flurzwangs. Die baugeschichtliche Entwicklung der Bauernhäuser führte dazu, dass die Architektur im Laufe der Jahrhunderte einem steten Wandel unterworfen war. Dadurch entstand eine gewisse Flexibilität, die auch den heutigen Umnutzungen von Bauernhäusern zugute kommt.

Unsere Ausführungen zum Thema Bauernhaus haben gezeigt, dass seit der Beschäftigung mit diesen Bauten immer ein Stück Romantik mitschwang. Idee und Wirklichkeit klafften deshalb stets auseinander. Auch unsere Zeit macht in dieser Hinsicht keine Ausnahme. Im Gegenteil, die Bauernhaus-Nostalgie unserer Tage ist noch weiter von der Realität entfernt als die Romantik des 18. und 19. Jahrhunderts. Dieses Phänomen liegt wohl in der Natur des Bauernhauses, das so viele Assoziationen und Erinnerungen wachruft, dass unweigerlich Idealvorstellungen entstehen müssen. Je weiter wir uns vom Bauernleben entfernt haben, desto stärker wird die Sehnsucht und damit die Gefahr einer Idealisierung.

Das Bauernhaus ist aber mehr. Es ist eine Welt für sich und daher viel zu komplex, als dass man es mit einer Typologie erfassen könnte. Erst wenn wir es als Träger einer vielfältigen Kultur betrachten, wird uns bewusst, dass wir diese nicht nachahmen können, weil unsere Kultur anders ist und andere Grundlagen hat. Bewusst werden wir dieser Tatsache und damit der Realität aber erst, wenn wir einen modernen Bauernbetrieb erleben, denn auch dieser konnte an den technischen Errungenschaften unserer Zivilisation nicht vorbeigehen. Zwar spüren wir heute auch auf den Bauernhöfen nostalgische Tendenzen, doch ist die Grundlage dieser Betriebe zeitgemäss. Der Bauernhof und das Bauernhaus, d.h. der Betrieb und das Gebäude, haben neue Funktionen erhalten, die sich mit den ursprünglichen nicht vergleichen lassen. Nach wie vor gilt aber der Bauer als ein von der Natur geprägter Mensch. Nach wie vor spielt die Natur beim Bauern eine grosse Rolle. Der Bauer ist in seiner Grundhaltung konservativ und wird damit zum Hüter und Wahrer einer Volkskultur, deren Teil wir alle gerne sein möchten.

Alpbetrieb «Sogn Carli», Morissen (Lugnez, Kanton Graubünden) von W. E. Christen, Architekt, 1978—81.

Ländliche Hof- und Hausformen in der Schweiz

Entstehung einer neuen Tradition
Im allgemeinen wird das alte Schweizer Holzhaus mit «Chalet» bezeichnet. Aus dieser Bezeichnung hat sich in den 40er Jahren der sog. Heimatstil abgeleitet mit einem Hauch von wohnseliger Romantik. Uns geht es aber nicht um die Heimatverbundenheit sondern darum, die gestalterischen und konstruktiven Probleme heimischer Bauten kennenzulernen, zu durchdenken und mit neuen Impulsen zu propagieren. Gerade in unserer Zeit ist eine umfangreiche Bautätigkeit und Sanierung an Bauernhäusern im Gange, die ihrer Erhaltung dient. Dabei soll es aber nicht um eine museale Erneuerung gehen, die leider das Lebendige vermissen lässt. Vielmehr sollen die Wohn- und Lebensbereiche anstelle von ständigem oder auch zeitweiligem Wohnen dienstbar gemacht werden.

Gestalterische Qualitäten im heimischen Bauen
Die Beschäftigung mit der Architektur gehört zu den wichtigsten und interessantesten Aufgaben des Menschen. Dem Menschen ein menschenwürdiges Heim zu schaffen ist ein primäres Anliegen zu allen Zeiten gewesen. Beim Bauernhaus kennt man weniger Prestigebauten noch stilistische Kunststücke. Im Umgang mit diesen Häusern ist alles viel bescheidener, gelassener, naturnäher — harmonischer. Gute Architektur zeichnet sich dadurch aus, dass man die Gestalt nicht auf Anhieb erkennt. Also nicht durch Auffälligkeit, sondern durch Selbstverständlichkeit kommt die Gestalt sichtbar zum Ausdruck.

Primat der Konstruktion
Das Schweizer Bauernhaus geht etwa auf vier Konstruktionstypen zurück. Im Alpengebiet wurde im Hausbau meistens die tragende Blockbauweise angewendet. Liegende Hölzer werden aufeinandergeschichtet und an den Ecken verkämmt. Im Mittelland war die Ständerbauweise vorherrschend. Stehende Hölzer dienen als Stütze, die durch liegende Trägerhölzer verbunden werden. Dieses Gerüst wird durch eingefügte Wände geschlossen. Der Fachwerkbau ist ein verfeinerter Ständerbau, in welchem das Rahmenwerk durch Streben und Riegel unterteilt ist. Die Gefache oder Füllung sind in Rutengeflecht mit Lehm oder Mörtel verdichtet oder bilden ein Mauerwerk. Eine weitere Kombination von Stein und Holz finden wir im Jura. Vorwiegend aus Stein ist das Weinbauernhaus in der Westschweiz gebaut. Alles aus Stein, auch die Bedachung, kennzeichnen die ländlichen Bauformen im Tessin.

Baselland

Ursprünglich war das Ständerhaus mit Strohwalmdach, wie heute noch im Kanton Aargau und im Mittelland, vorherrschend. Seit dem 16. Jahrhundert löste der Steinbau den Holzbau ab, und das Satteldach wurde durch das Walmdach ersetzt. Der Name Dreisässhaus kommt durch die Dreiteilung Wohnung—Scheune—Stall. Auch der Wohnteil ist dreiteilig in Stube, Küche und Kammer aufgeteilt. Die Bezeichnung «Hochstud» kommt vom senkrecht tragenden Firstpfosten «Ständer», «Stud», «Stüden».

Heuschober bei Hölstein (Kanton Baselland)
Planzeichnung im Maßstab 1:100

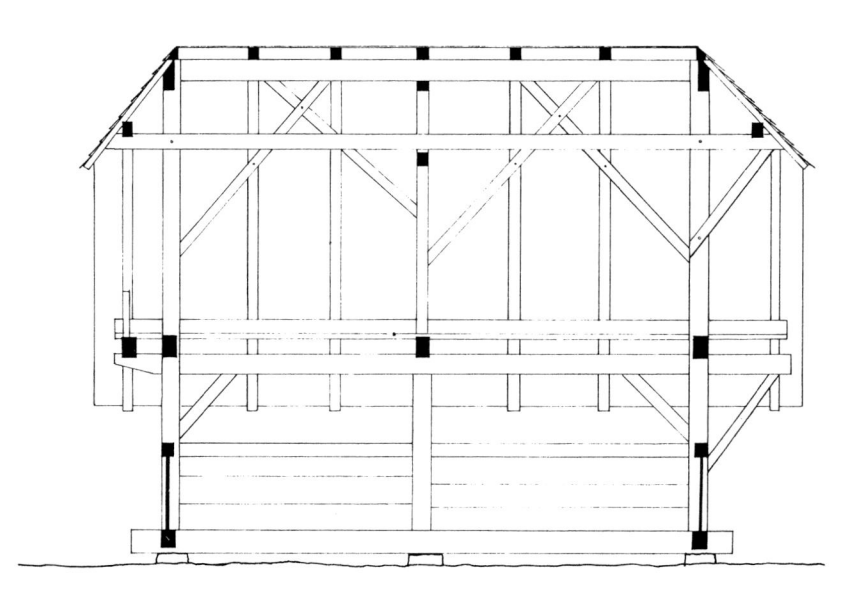

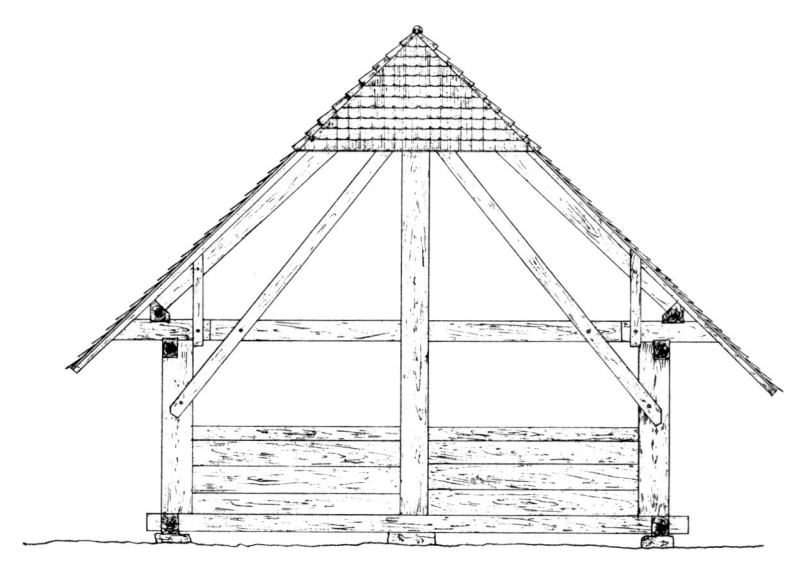

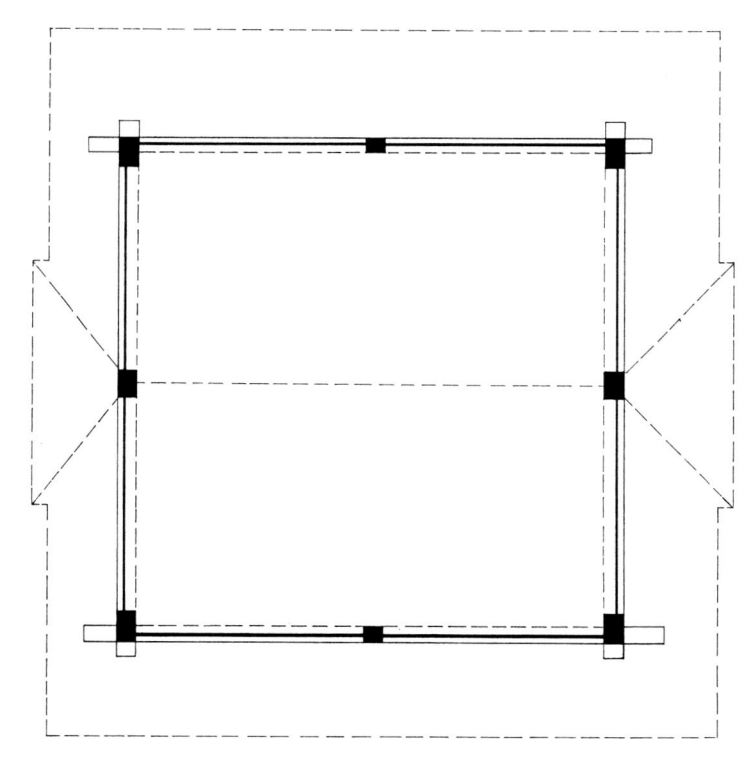

Heuschober bei Hölstein (an der Landstrasse nach Diegten), Baujahr 1678.
Einfacher Ständerbau mit Firstsäule (Hochstud).

Ziefen, ehemaliges Posamenten- und Rebbauerndorf. Vielzweckbauten gruppieren sich heute noch entlang dem Bach und der Dorfstrasse. Typische Sparrendächer mit Knick erlauben, die Dachfläche stärker über die Traufwand hinaus zu ziehen.

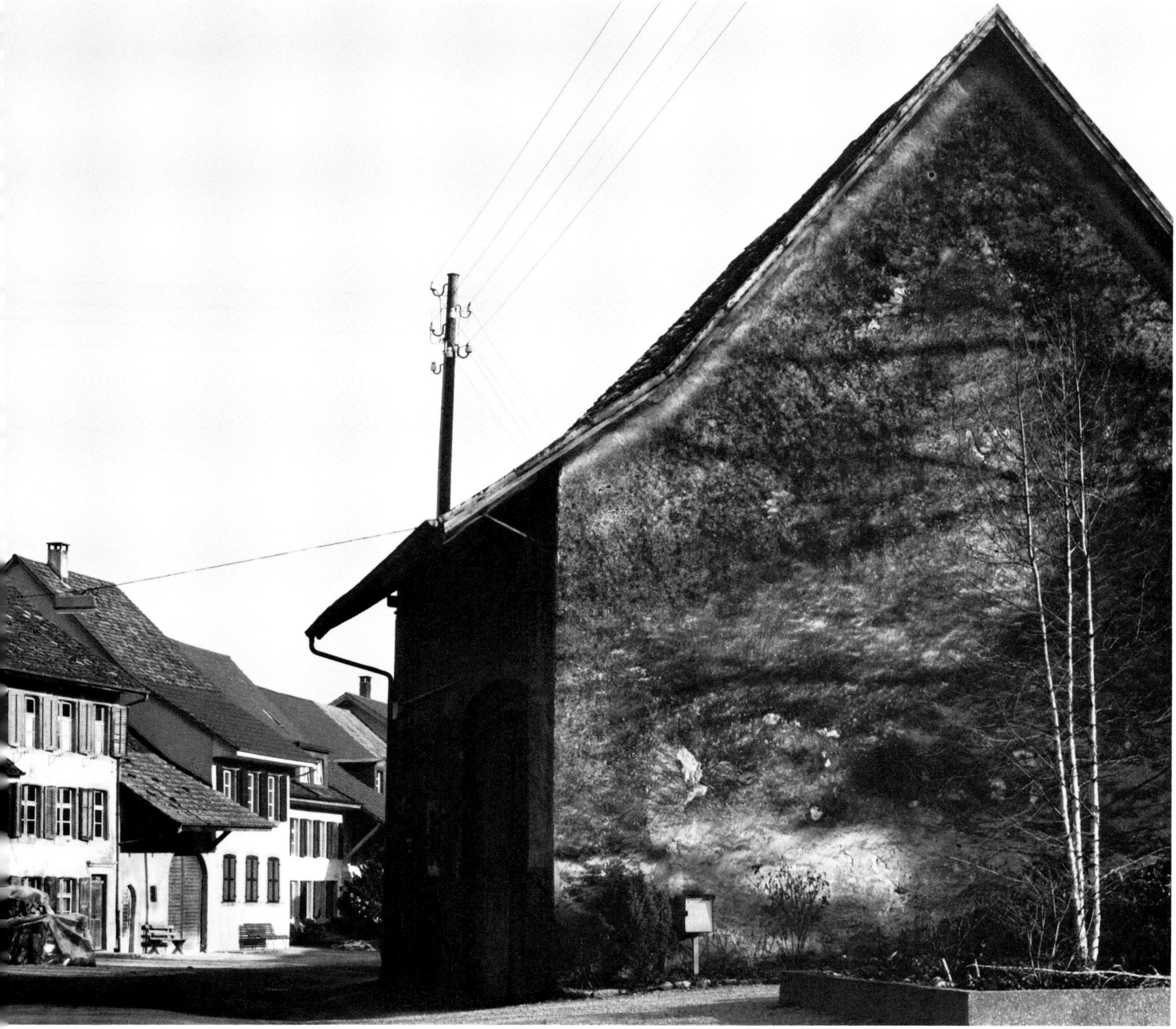

Hochstudhaus in Bennwil
Bauernhaus beim Dorfeingang (Hauptstrasse 17) mit Wohnteil aus dem Jahre 1753 und die Scheune von 1780.

Planzeichnung im Maßstab 1:200.

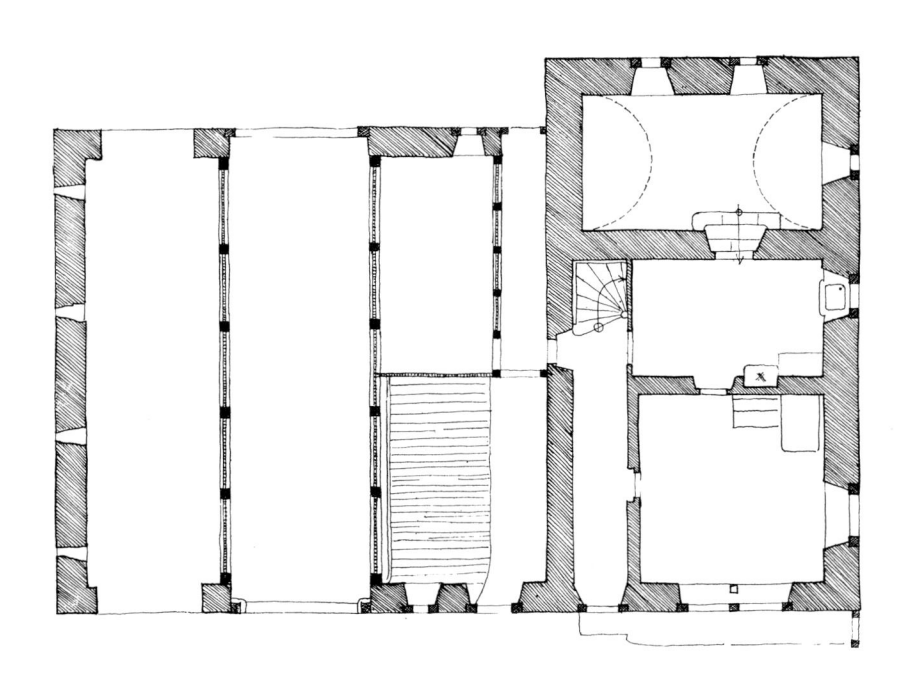

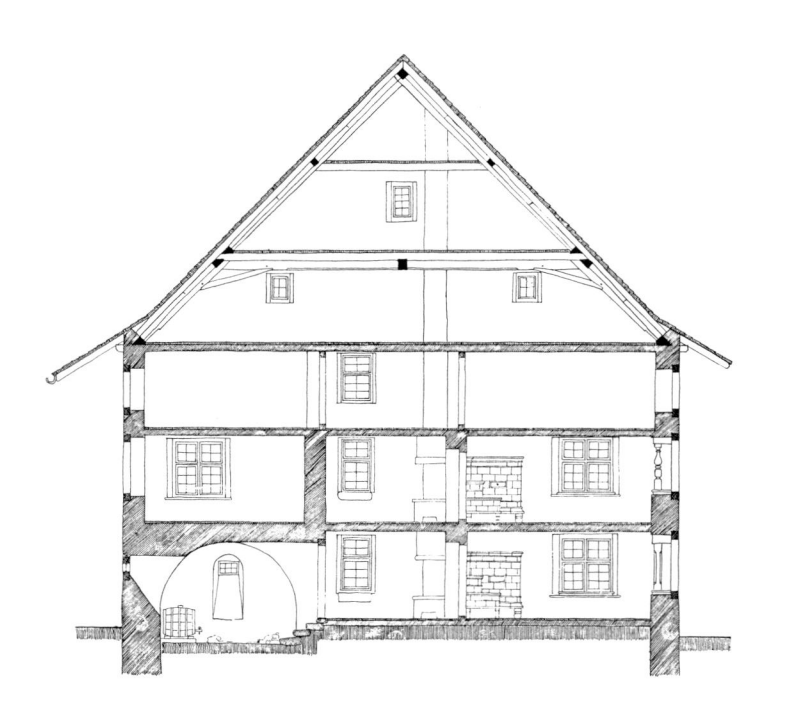

Das Dorf Bennwil im Oberbaselbiet, abseits des Durchgangsverkehrs im Waldenburgertal, liegt 515 m ü. M.

Genf

An den Ufern des Neuenburger- und Genfersees sind fast ausschliesslich Steinbauten anzutreffen, so auch das Weinbauernhaus. Die Häuser, die auch als Vielzweckbau genutzt werden, zeigen eine eigenartige Verbindung von Ständer- d.h. Säulenbau und Massivbauweise, Wohnung, Scheune und Stall sind unter einem Dach vereinigt.

Baugefüge und Einteilung eines typischen Bauernhauses aus dem Kanton Genf.

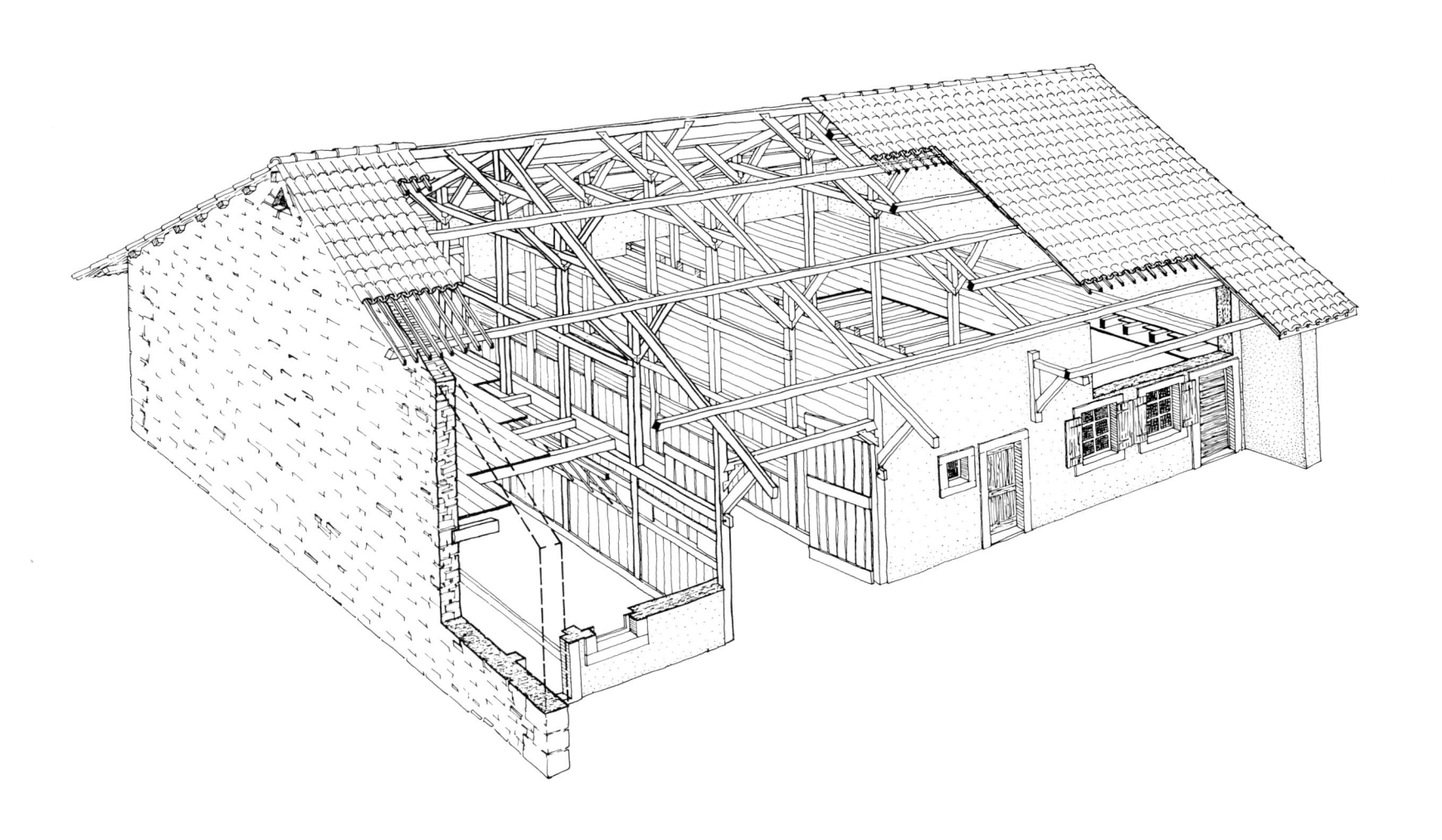

Scheune eines herrschaftlichen Anwesens in Landery (Kanton Genf).

Auffallend sind die grossen Giebeldächer und die mit Gips angeworfenen Mauern von Sierne (Kanton Genf).

Das rechteckige Giebeldachhaus charakterisiert die schweizerisch-französischen Landschaften in Evordes (Kanton Genf).

Jura / Neuenburg

Le Landeron im Kanton Neuenburg, als Marktflecken 1325 entstanden; die Ausdehnung vom Nord-Turm aus dem Jahre 1631 bis zum südlichen Torturm von 1596 misst ca. 160 Meter.

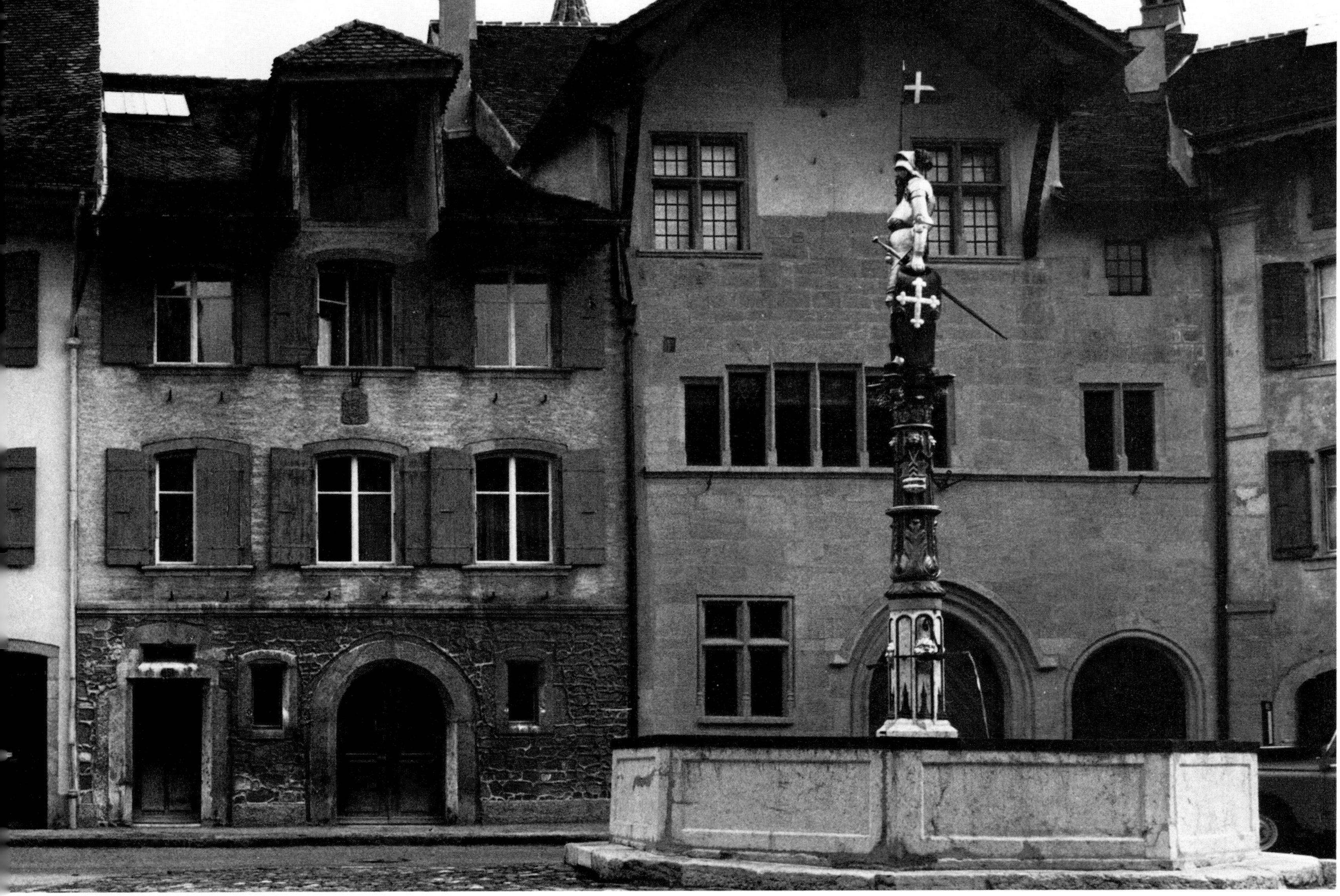

Intaktes Ensemble von Le Landeron, zwischen Bieler- und Neuenburgersee. Langgezogener Platz mit beidseitig 3-stöckigen Hauszeilen des Weinbauerndorfes (heute eine touristische Attraktion).

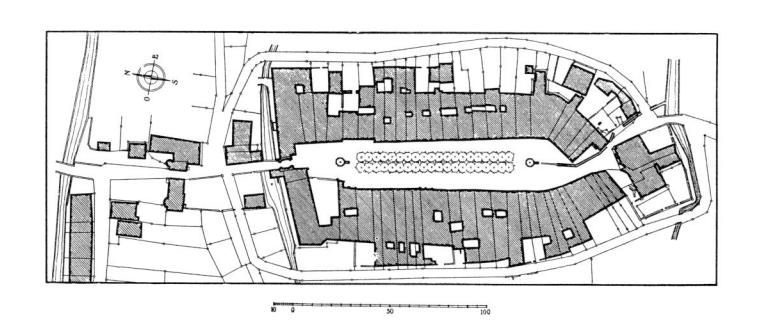

Der Platz ist Mittelpunkt des Dorflebens.

Die Jurahochflächen über 1000 m Meereshöhe mit den grossen Weiden, an deren Wiesen und Äcker die einzelnen Höfe anschliessen, bestimmen die Siedlungsform der einzelnen Einhofanlagen. Das Gehöft wird von einem mächtigen flachen Dach überdeckt, welches die schwere Schneelast tragen und den starken Winden Widerstand leisten muss. Die weissverputzten Häuser stehen meist giebelständig zum Hang, vielfach richten sich die Giebelseiten gegen Südosten.

Typisches Säulendachhaus, Les Crosettes bei La Chaux-de-Fonds im Kanton Neuenburg, 1614 erbaut.

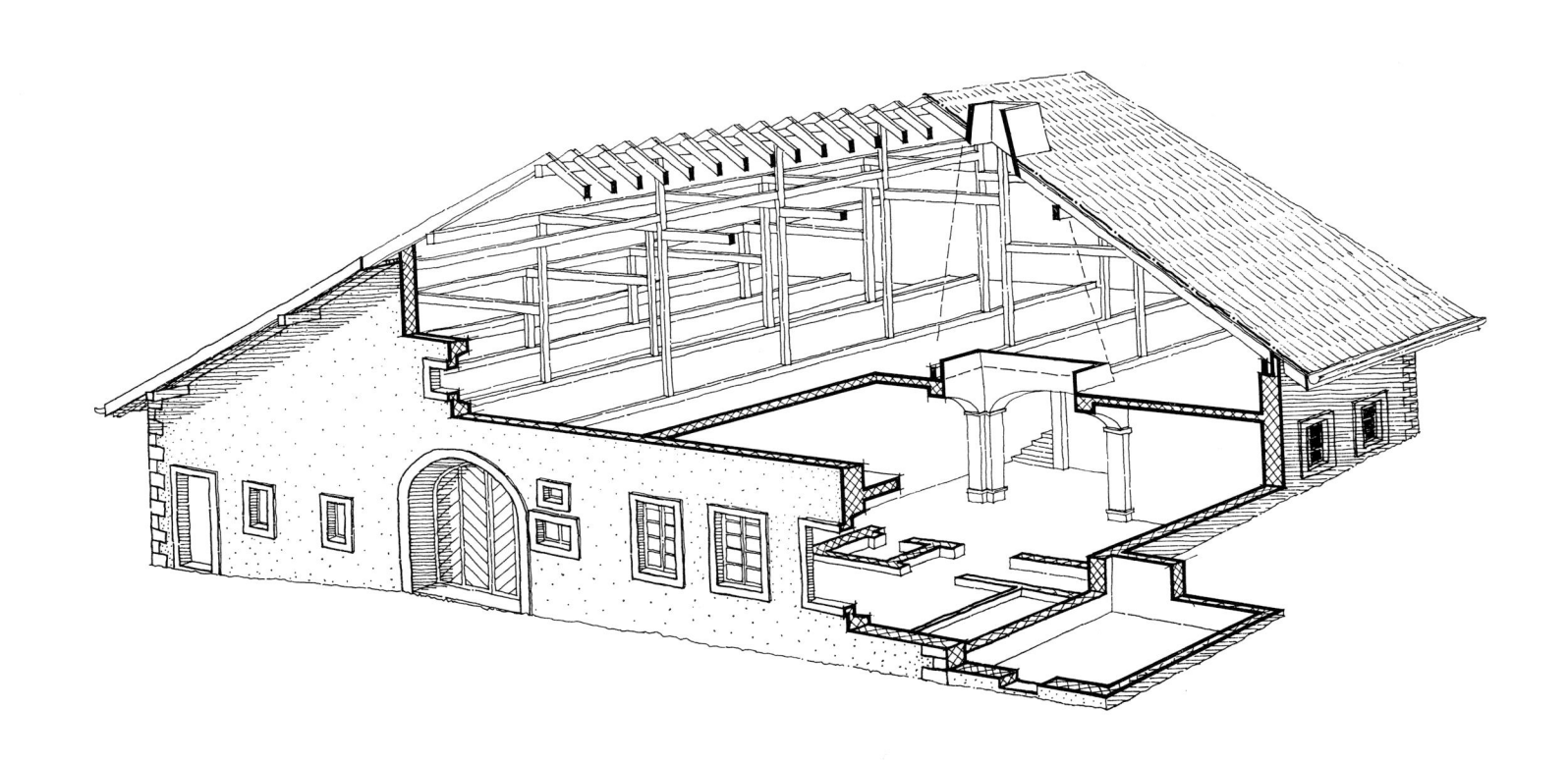

Weissverputzte Wand mit Torgewand in Jurakalkstein;
La Bosse (Kanton Jura).

Das Bauernhaus der Freiberge (Hochjura) ist einfach und schmucklos; ein meist einstöckiges Gebäude aus Bruchsteinen, früher mit Schindeldach; Le Prédame (Kanton Jura).

Flaches, mächtiges Dach gegen schwere Schneelast und starken Wind; in Muriaux bei Saignelégier (Kanton Jura).

Im Neuenburger Jura auf einsamer Weide liegt das Haus Le Grand-Cachot-de-Vent, (im 16. Jahrhundert als «maison construite et edifiée» bezeichnet), zwischen la Chaux-du-Milieu und La Châtagne im Vallée de la Brévine.

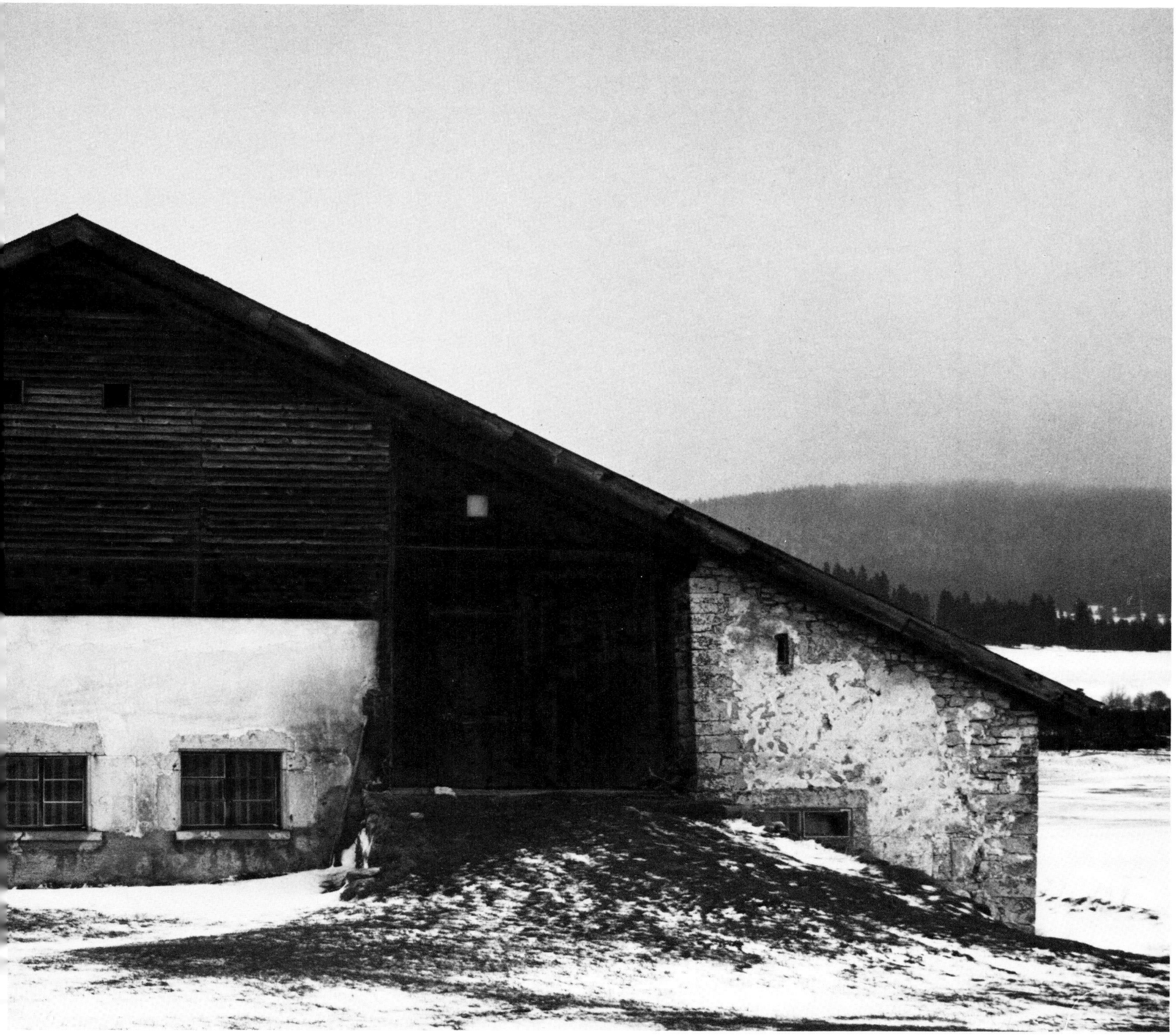

Die Rückseite des Hofes von Le Grand-Cachot-de-Vent.

62

Breitgelagertes Bauernhaus, Giebelwand mit Bretterverschalung, in La Chaux-du-Milieu (Kanton Neuenburg).

Aargau

Das ursprüngliche Aargauer-Gehöft mit Wohnen und Wirtschaft unter einem Dach ist ein «Einhaus», also ein Vielzweckbau. Ein grosses Strohwalmdach wurde von Holzständern, den sogenannten Hochstüden, getragen. Von hier kommt der Name «Hochstudhäuser», die sich über das ganze Mittelland ausbreiten. Haus und Stall sind von dem bis auf Mannshöhe niederreichenden Dach wie in einem mächtigen Zelt verhüllt. Die wenigen Beispiele dieser Art im Kanton Aargau, die heute noch existieren, sind in diesem Buch gezeigt.

Lüscher-Stauffer-Haus in Muhen, erbaut 1650.

Das Strohhaus wurde 1961 durch Brandstiftung zerstört und 1962/63 wieder aufgebaut. Der dazugehörige Speicher aus Ruedertal stammt aus dem 17. Jahrhundert und wurde 1972 nach Muhen versetzt.

Haus der Gebrüder Schmidt in Büelisacker, erbaut 1669.

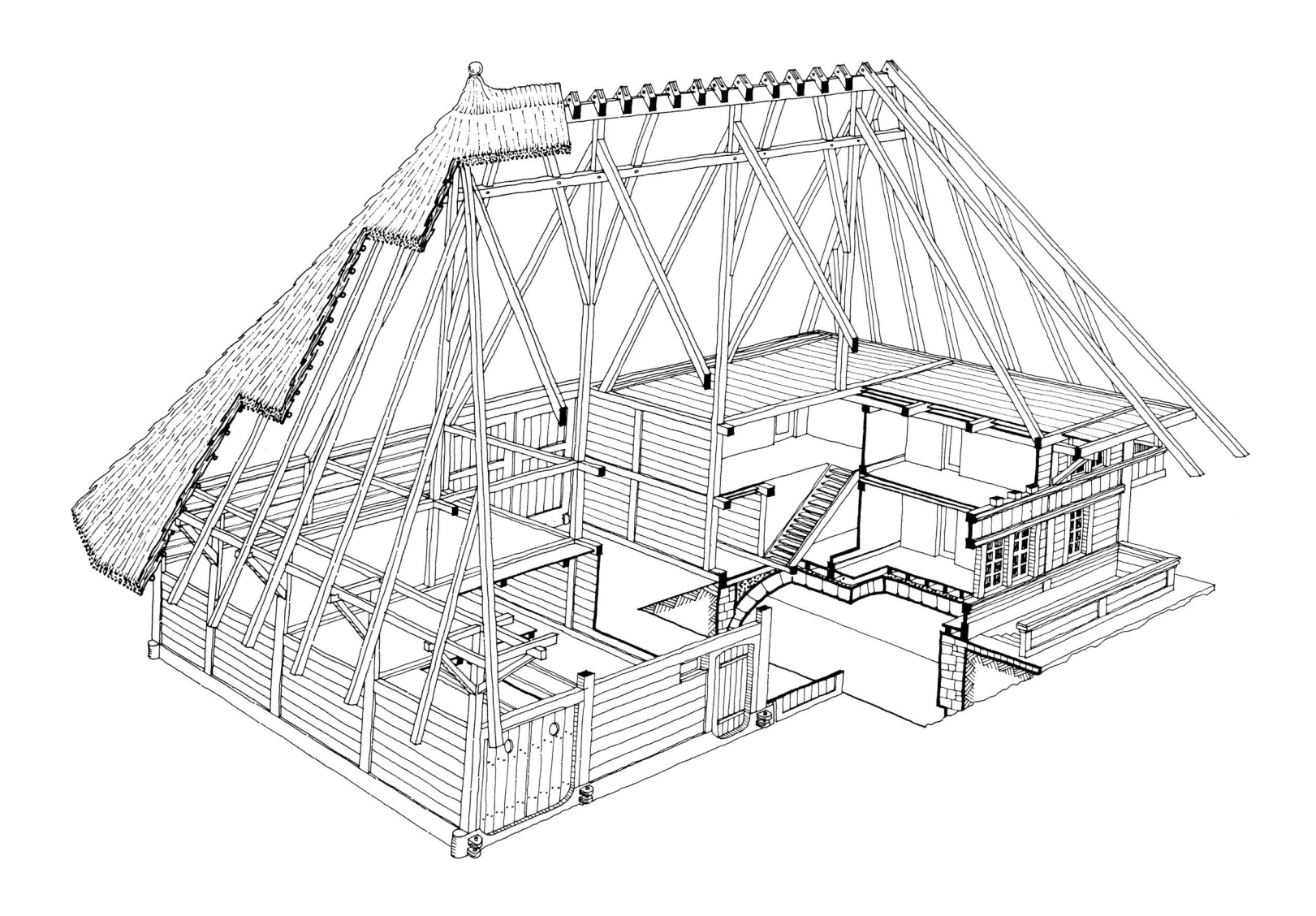

Baugerüst eines Hochstudhauses aus Rothrist (Kanton Aargau).

Suter-Kasper-Haus in Kölliken, erbaut 1801.
Holzständerhaus, typisches Beispiel des
«monumentalen» Strohdachhauses.

Die Bedachung des Suter-Kasper-Hauses wurde 1961 restauriert.

Taunerhaus in Hendschiken (Kanton Aargau).
Eine getrennte Stallscheune gehörte zu diesem
Fachwerkhaus.

Das Taunerhaus liegt am Rande des Strohdachgebietes.

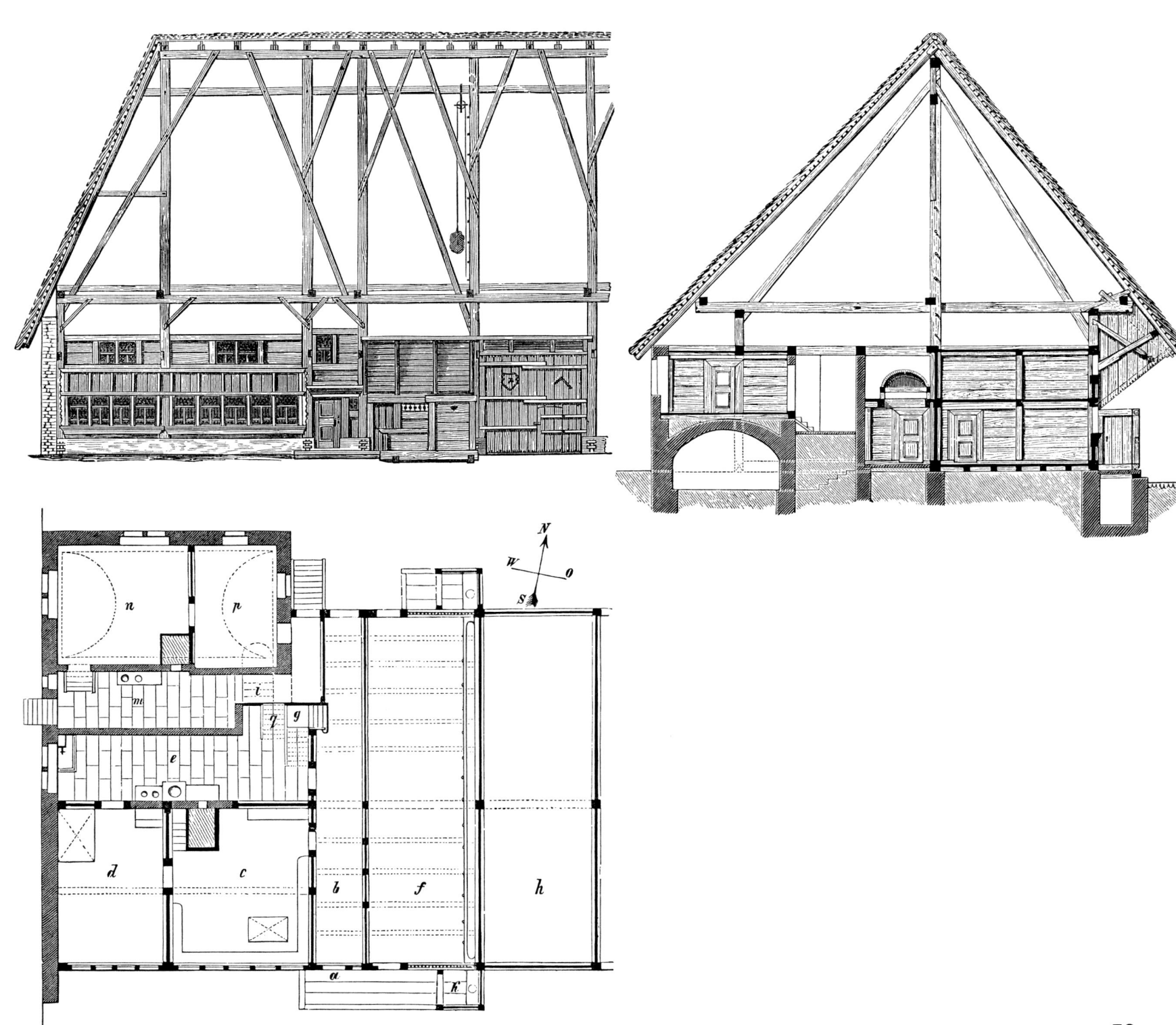

Haus der Gebrüder Schmidt in Büelisacker, erbaut 1669.
Planzeichnung im Maßstab 1:200.

Kleinbauernhaus auf dem Seeberg ob Leimbach, erbaut 1783. Hochstudbau in reizvoller landschaftlicher Situation. Der Wohnteil beansprucht die Hälfte der Grundfläche, Tenne und Stall je ein Viertel.

Zürich

In der Region um den Zürichsee dominierte der Weinbau. Beim Weinbauernhaus sind Wohnung und Wirtschaftsteil getrennt. Ein besonderes Merkmal dieser Häuser ist der «Riegelbau», ein Fachwerk mit Querhölzern. Die gegliederten Fächer im braunen oder rot gefärbten Holz stehen im Kontrast zu den weissen Gefachen.

In Hüttikon steht das letzte Strohdachhaus des Kantons Zürich.

Strohdachhaus in Hüttikon, erbaut 1652.
Beim Dreisässhaus sind Wohnung, Stall und Tenne
unter einem mächtigen Walmdach untergebracht. Beim
Fachwerk-Ständerbau mit Hochstuden tragen die Pfosten
(in gesamter Gebäudehöhe) den Dachfirst.

Riegelbauten des 17. und 18. Jahrhunderts aus dem Stammheimertal (Zürcher Weinland).
Holzfachwerk aus Unterstammheim in roter Farbe (Eisenoxid).

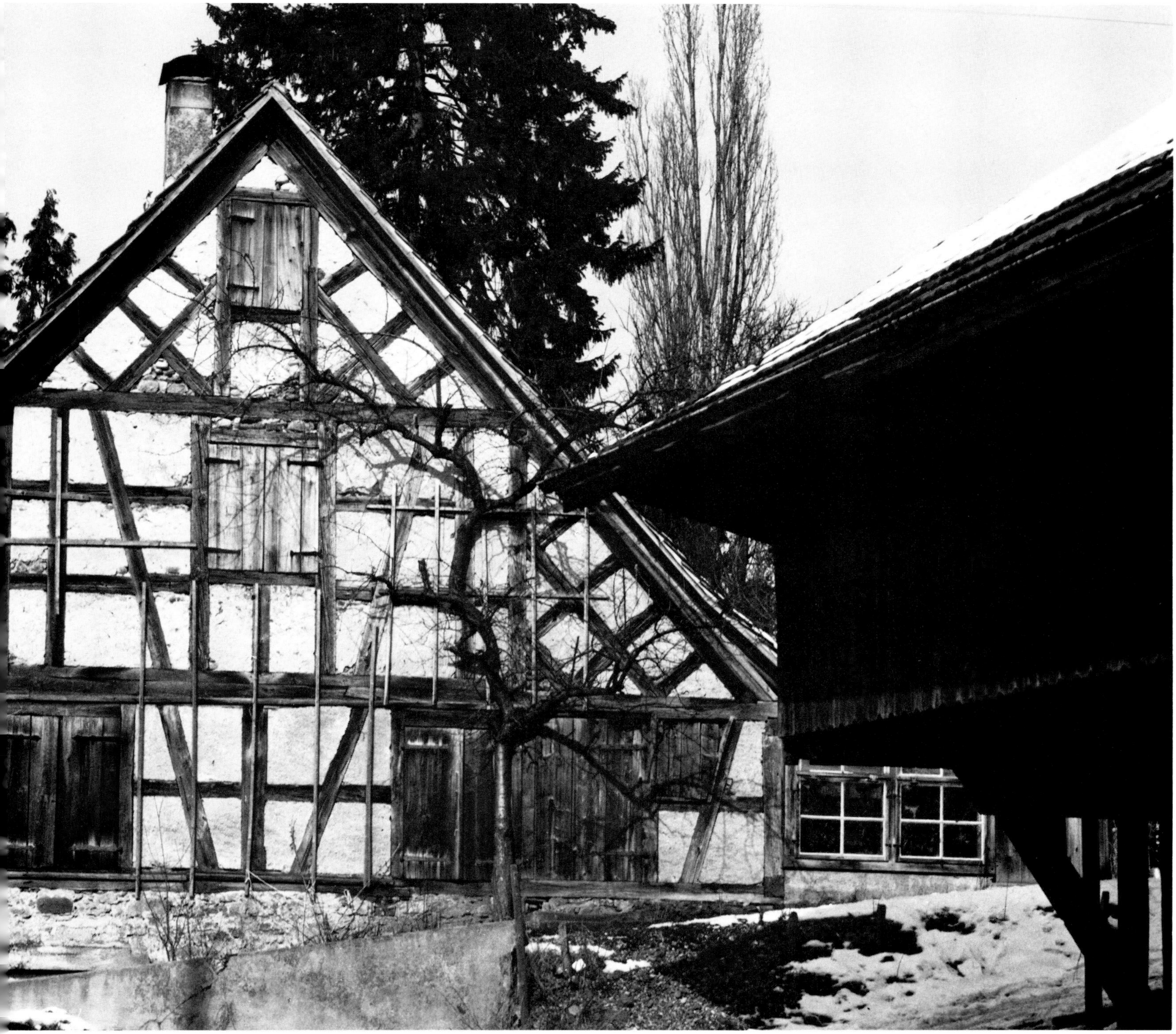

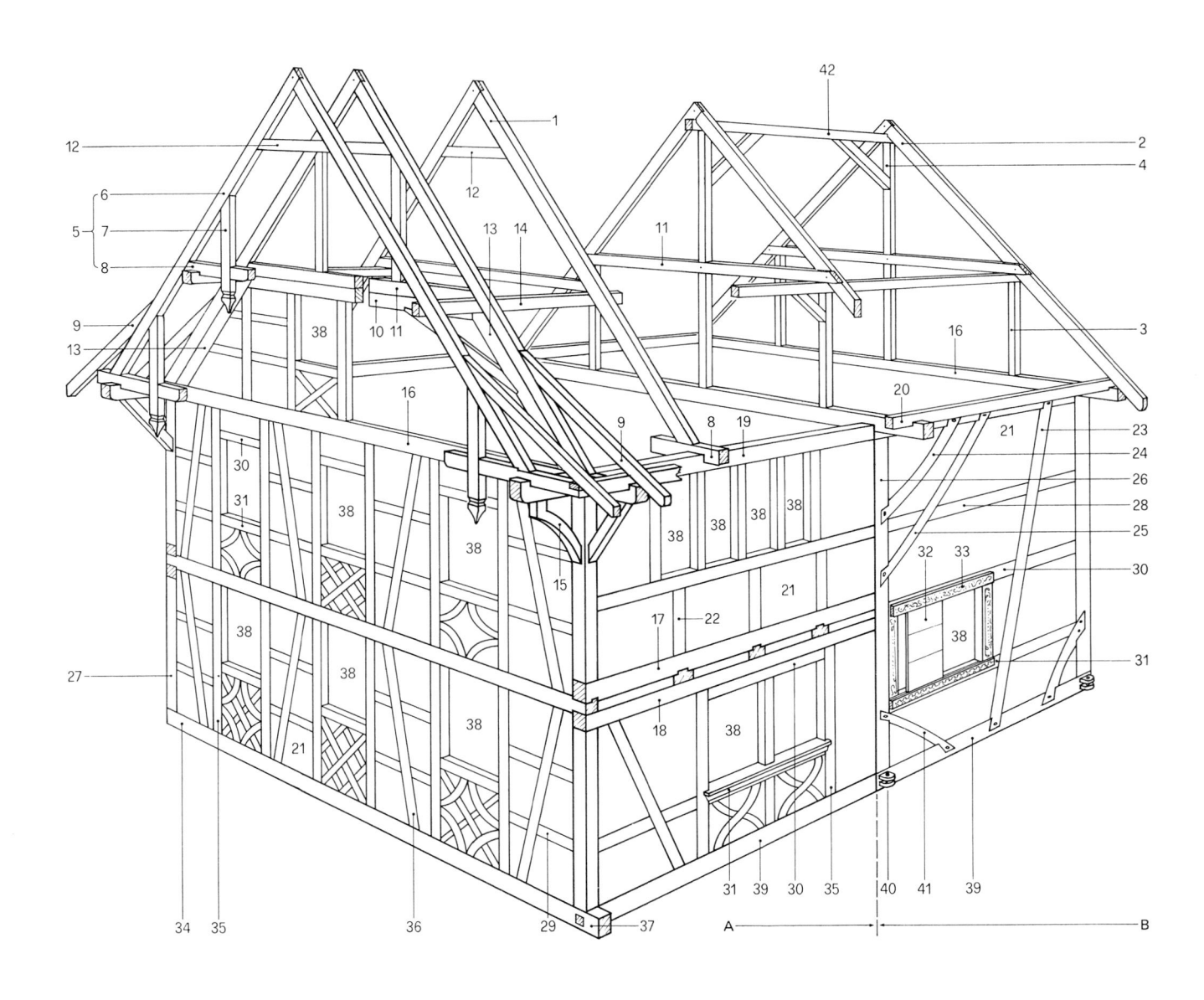

Fachwerkkonstruktion des 17. und 18. Jahrhunderts.

A Fachwerkkonstruktion ca. 18. Jahrhundert und jünger (liegender Stuhl / Sparrendach).
B Fachwerkkonstruktion 17. Jahrhundert und älter (Stehender Stuhl / Rafendach).

1 Sparren
2 Rafen
3 Stuhlsäule
4 Spitzsäule (Firstständer)
5 Flugsparrendreieck
6 Flugsparren
7 Hängesäule
8 Stichbalken
9 Aufschiebling
10 Spannriegel
11 Kehlbalken
12 Hahnenbalken
13 Liegende Strebe
14 Mittelpfette
15 Geknickter Bug
16 Ankerbalken
17 Saumschwelle
18 Stockrähm
19 Wandrähm (Wandpfette)
20 Flugpfette
21 Gefach
22 Stiel
23 Langstrebe
24 Kopfholz
25 Kopfstrebe
26 Durchgehender Ständer
27 Eckständer
28 Langriegel
29 Kurzriegel
30 Sturzriegel
31 Brustriegel
32 Schiebeladen
33 Ladenrahmen
34 Querschwelle
35 Wandstiel
36 Strebe
37 Einfache Schwelle, überkreuzt verzapft
38 Fenster
39 Längsschwelle
40 Querschwelle mit durchgesteckter Keilsicherung
41 Fussholz
42 Firstpfette

Unterstammheim: Die Formen des Fachwerkes bilden das sichtbare Skelett des Baues.

Früher erhielt jeder Bürger das Holz zum Hausbau von der Gemeinde gratis oder sehr billig. Ein Wagen Bauholz kostete 1825 einen Brabanttaler (Fr. 5.50 heutiger Währung).

> Ausschmückung der Fachwerkwände mit breiten, geschwungenen und gekreuzten Riegeln.

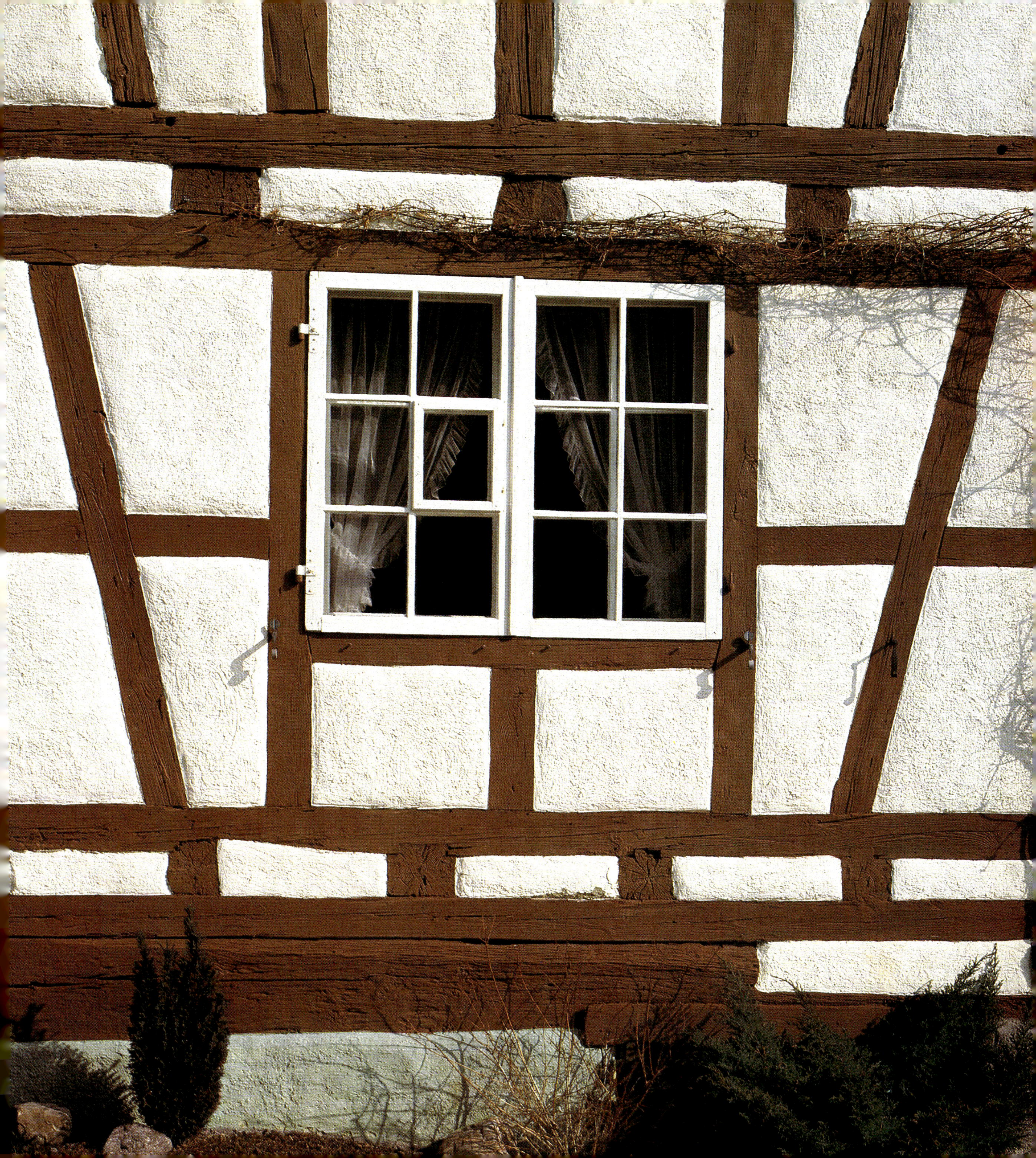

Riegelbauten wohlhabender (Wein-)Bauern aus dem Zürcher Dorf Marthalen. Die Bauformen wurden durch die Konstruktion des Fachwerkes geprägt.

300jährige Fachwerkfassaden mit ihrem klar geordneten Riegelmuster in Marthalen.

>
Oberstammheim: Fachwerke in dekorativer Gestalt mit Kreuz- und Rautenmuster.

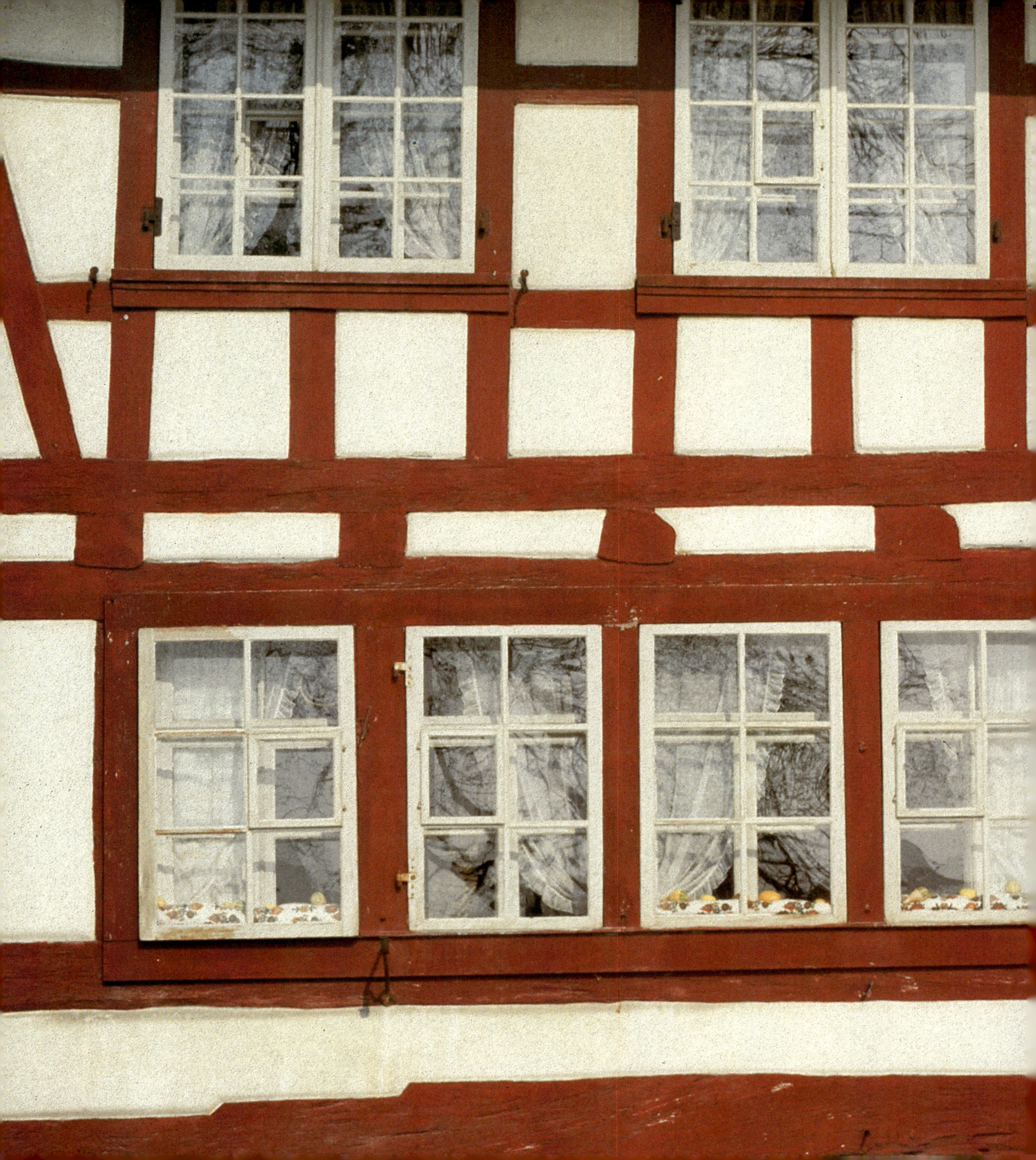

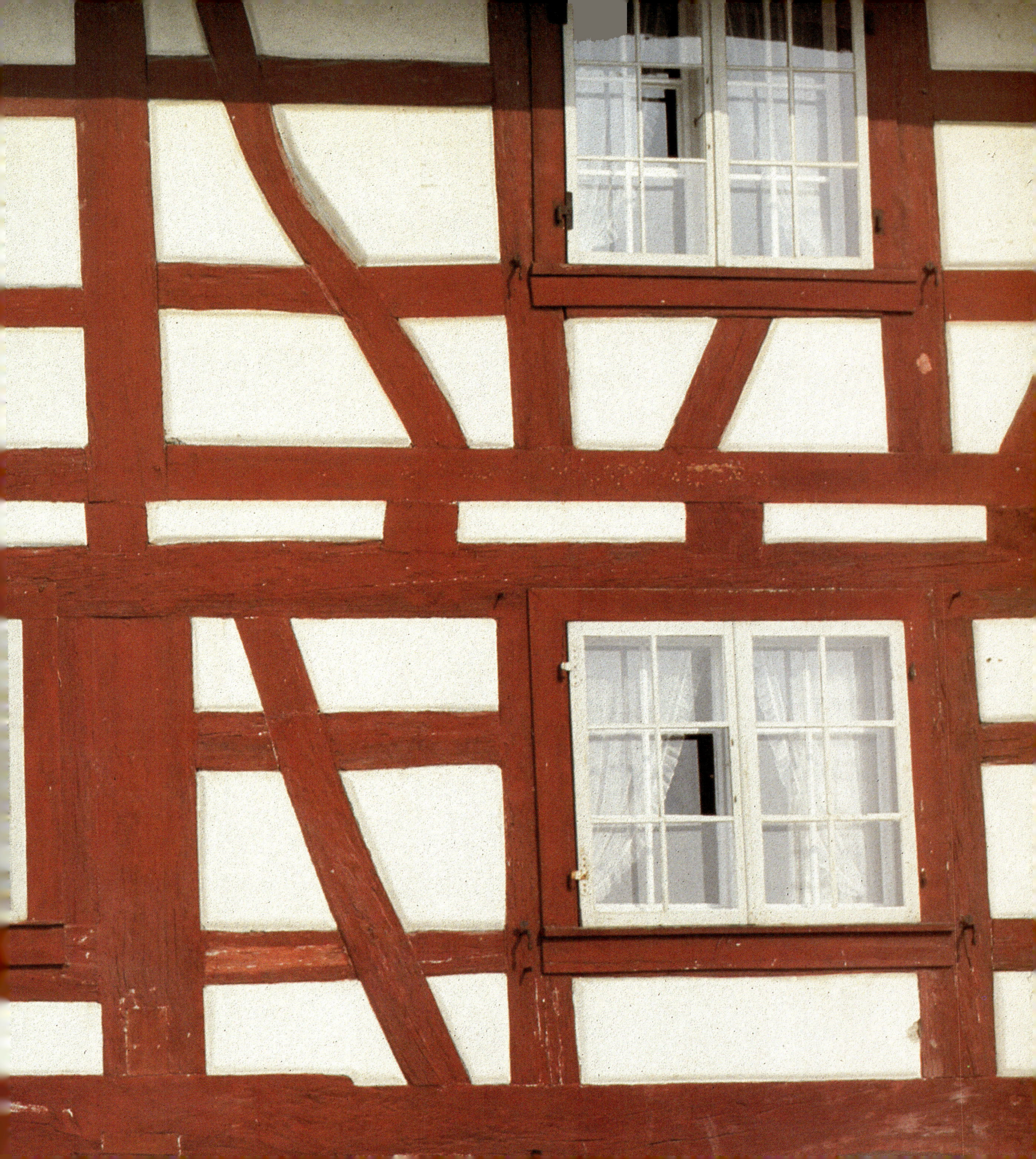

Die Riegelmuster charakterisieren das Ortsbild von Oberstammheim.

Nussbaumen im Kanton Thurgau gehört noch zum Stammheimertal. Die schräggestellten Streben verleihen den Fachwerkfassaden etwas Urtümliches.

> Fachwerkbau ausserhalb der ehemaligen Kartause Ittingen. Die Kartause liegt als geschlossene Baugruppe am Fuss eines Rebberges in der unverdorbenen Thurlandschaft.

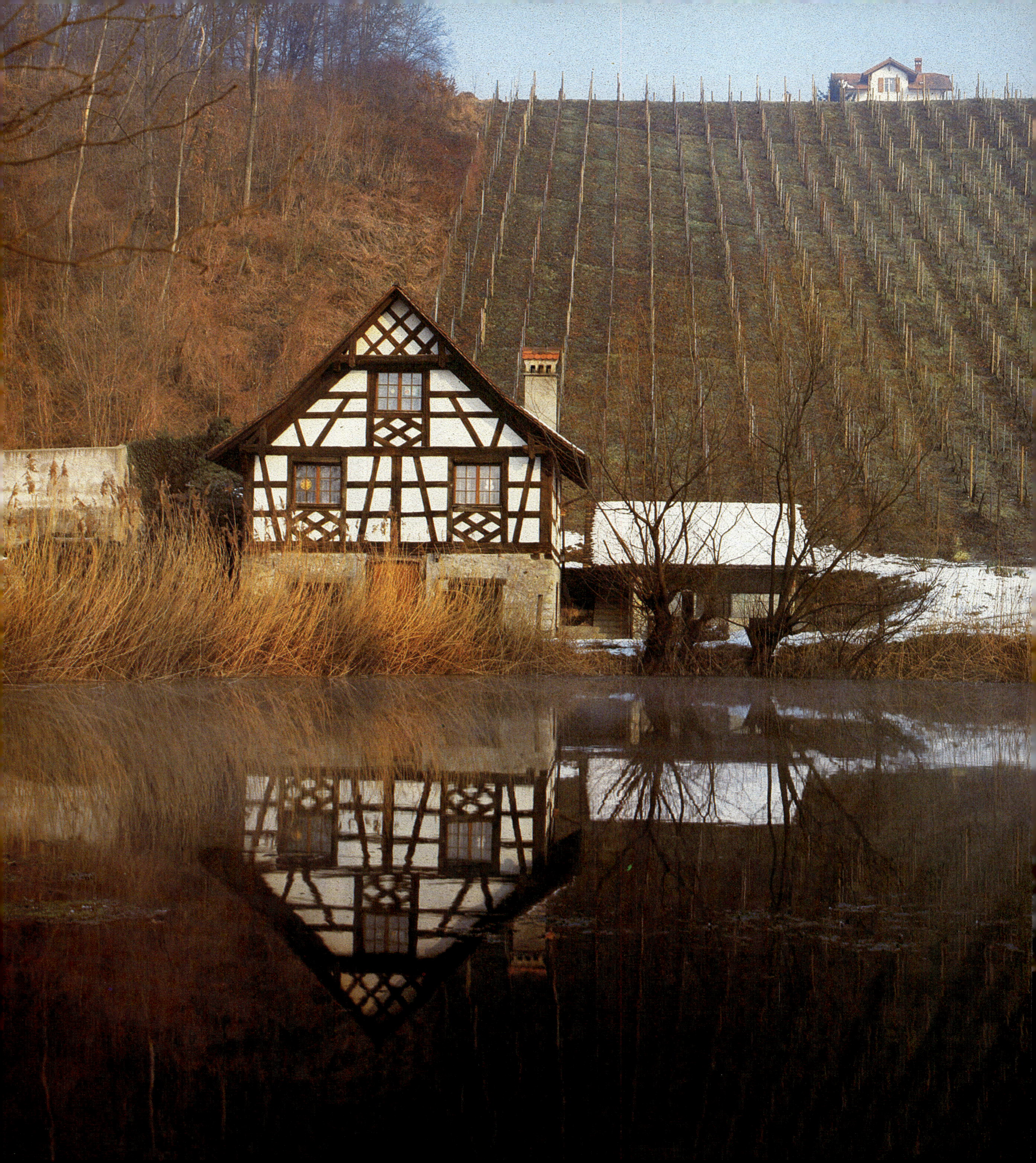

Thurgau

Das typische Bauernhaus in der Nordostschweiz ist in Fachwerkkonstruktion gebaut. Dieser Bautyp hat sich in einer Gegend entwickelt, wo Stein und Holz nicht in übermässiger Menge vorhanden waren. Das Fachwerk ist eine Rahmenkonstruktion aus Holz; die Gefache sind mit Lehm und Stroh gefüllt.

Stattliche Riegelbauten prägen die urbane Umgebung im ganzen Bodenseeraum; Haus in Dozwil.

Schloss Hagenwil im Kanton Thurgau.
Eine der besterhaltenen Wasserburgen mit Zugbrücke von 1741.

Schloss Hagenwil: Fachwerk in roter Farbe.

Schaffhausen

Die kräftigen Zeichnungen der Fachwerkwände ersetzen die feinen Holzarbeiten. Das Fachwerkhaus entwickelte sich in den Städten in der Gotik bis zur Renaissance. Hohe technische Leistungen finden wir im Marktstädtchen Stein am Rhein.

Sog. Brauerei an der Bachbrücke in Schleitheim, erbaut 1748. Grosser gemauerter Wohnteil und der Ökonomietrakt in Fachwerk.

Alte Säge in Buch, 1786.
Ein nicht ausgefachter Ständerbau am Biberkanal. Seit 1899 wurde der Sägereibetrieb eingestellt.

Die Alte Säge von Buch ist ein langgestrecktes Gebäude in Fachwerkkonstruktion.

Zug

An den regenreichen Gestaden des Vierwaldstättersees werden die Dächer steiler und weniger vorspringend. Zwischen jedem Stockwerk sind an den Fassaden kleine Klebedächer angebracht, während zierlich ausgezackte Brettstücke die vorstehenden Balkenköpfe vor der Witterung schützen.

Typisches Zugerhaus des 18. Jahrhunderts in Cham (Kanton Zug).

Luzern

Bauernhaus Vorderspunten in Meierskappel (Kanton Luzern), erbaut 1765. Blockbau über steinernem Sockelgeschoss mit herrschaftlicher Freitreppe an der Eingangsseite.

Das Haus Vorderspunten liegt ausserhalb des Dorfes Meierskappel auf einer Anhöhe.

Bauernhof Hunkeler in Büttenberg bei Schötz (Kanton Luzern), erbaut 1750. Ein interessanter Blockbau mit barocker Eingangsterrasse.

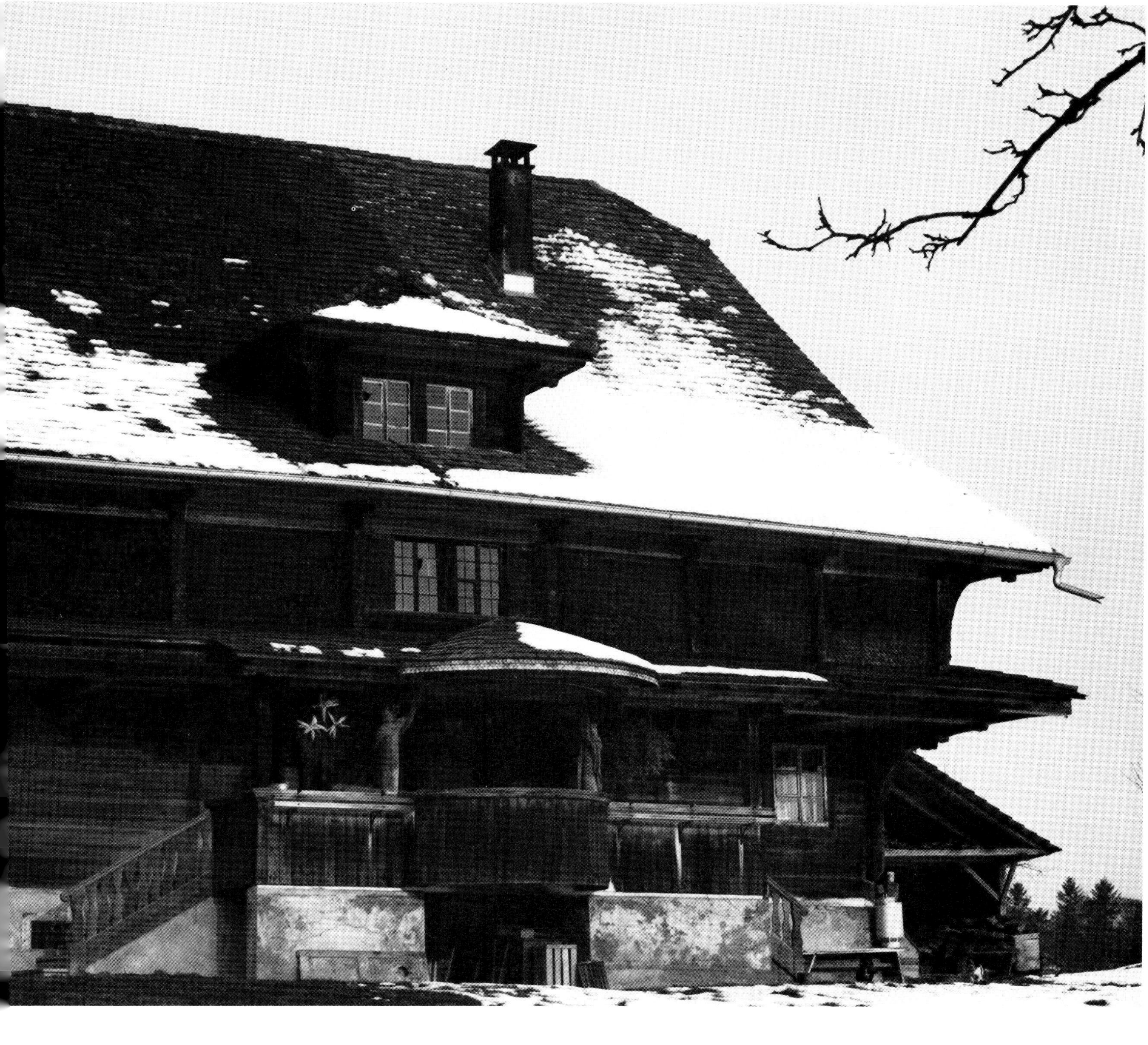

Schmale Schutzdächer (am Hause Hunkeler) an der Hauptfassade sollen die Fenster gegen Regen schützen.

Nidwalden

Das Hohe Haus (Hochus) zu Wolfenschiessen (Kanton Nidwalden), erbaut 1586. Über dem Fluss «Aa», mitten in der Wiese, steht dieses ländliche Herrenhaus der Renaissance.

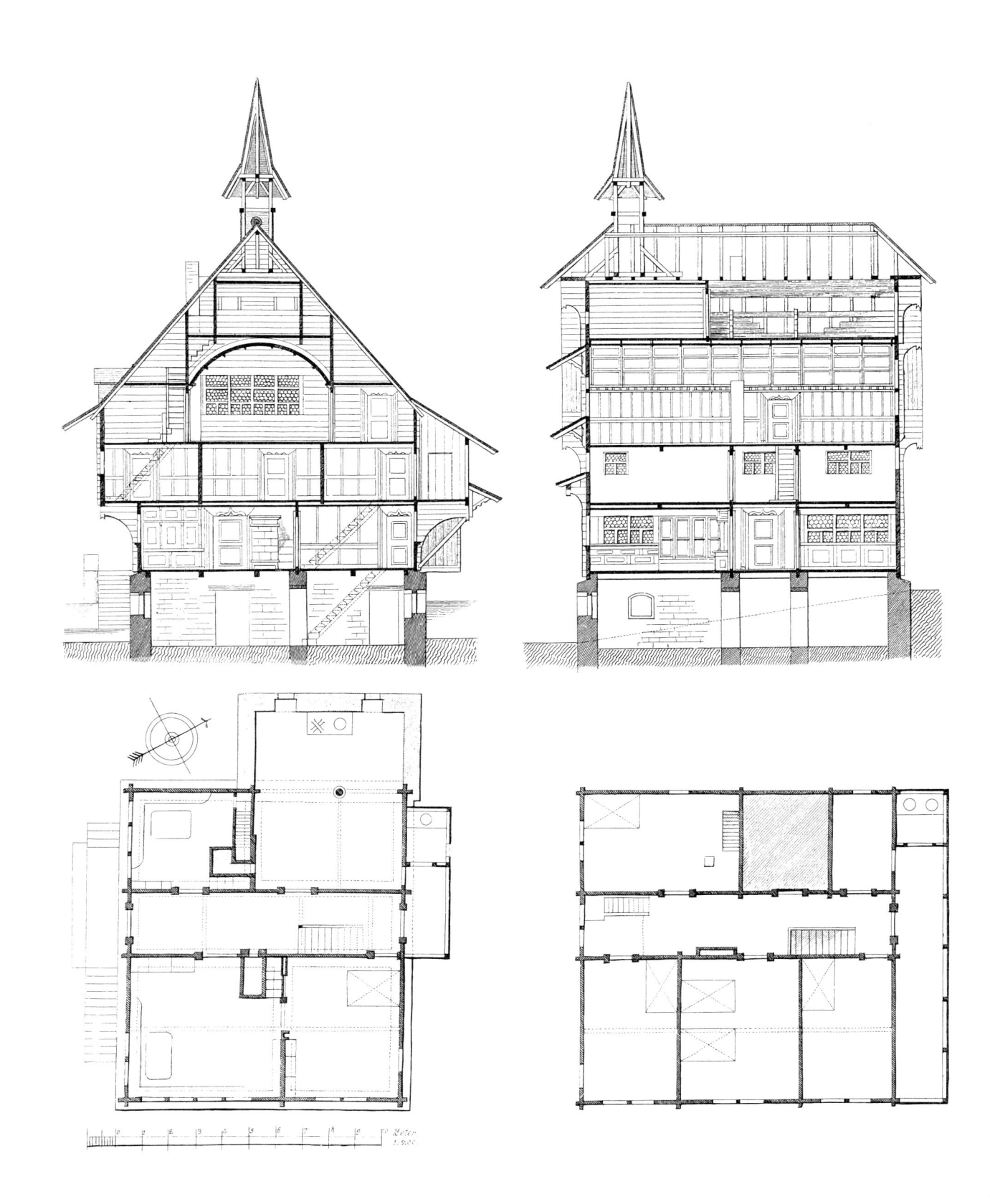

Sonnengebräunte, in solidem Blockbau und reichen Intarsien ausgeführte Fassade des «Höchhus» des Ritters Lussy bei Wolfenschiessen.

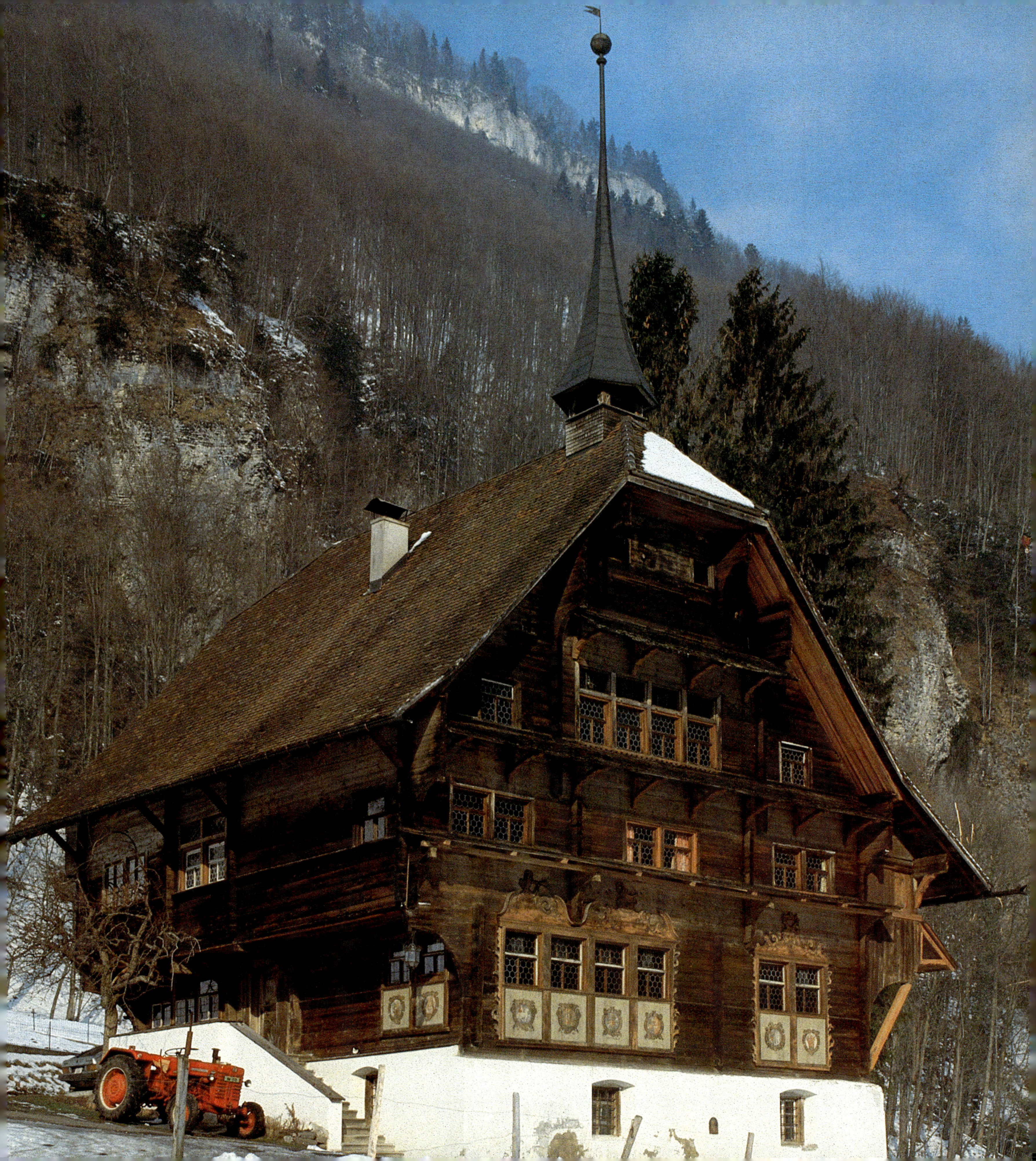

Bauernhaus in Wolfenschiessen (Kanton Nidwalden). Zwischen den Stockwerken sind an den Fassaden kleine Klebedächer unter den Fensterreihen als idealer Wetterschutz angebracht.

Haus in Wolfenschiessen mit schwachgeneigtem Dach.

> Herisau, aquarellierte Federzeichnung von Johann Ulrich Fitzi, Bauernmaler, Speicher (Appenzell-Ausserrhoden) 1798–1855. Zeichnung 26×45 cm von 1830–31.

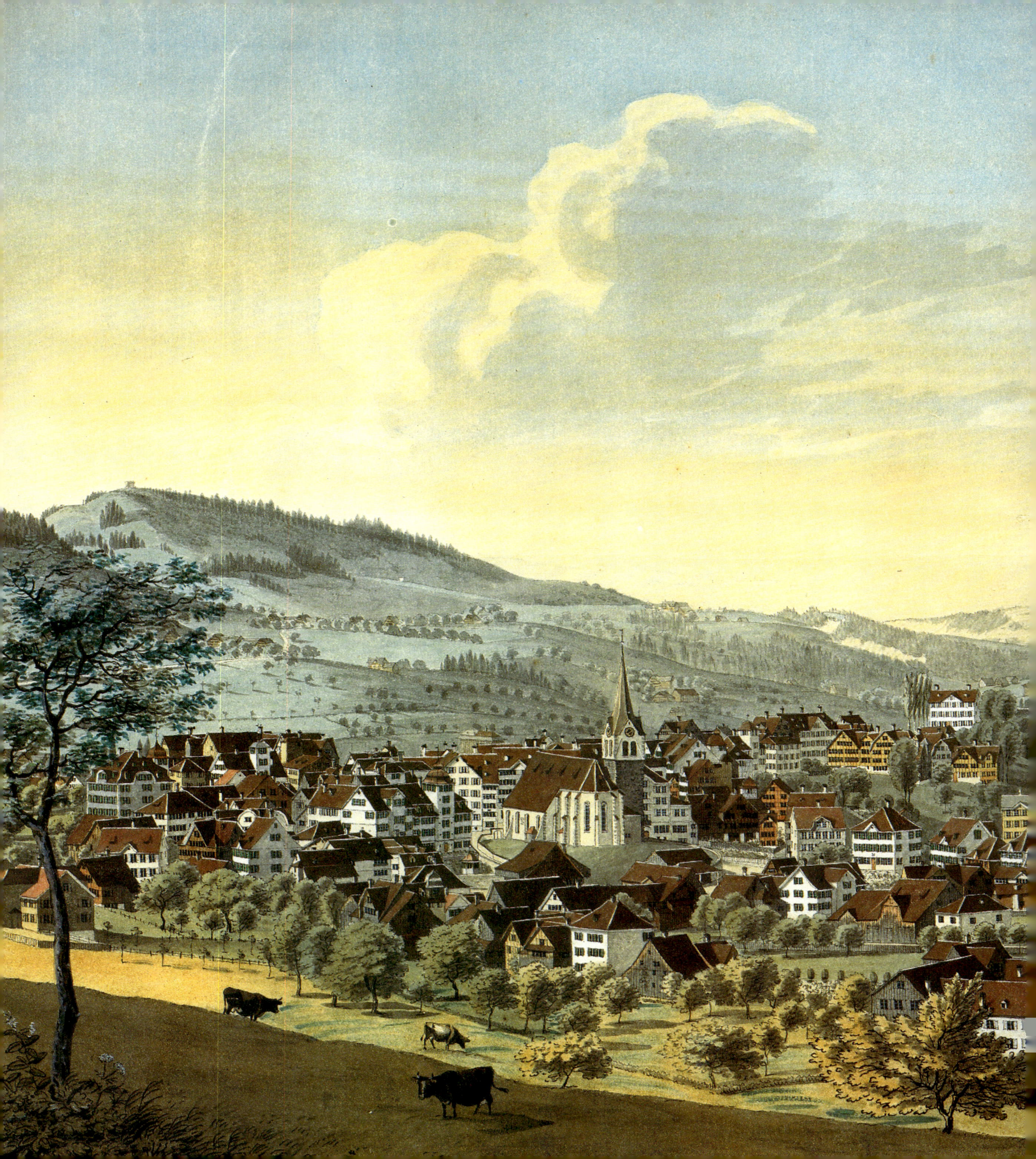

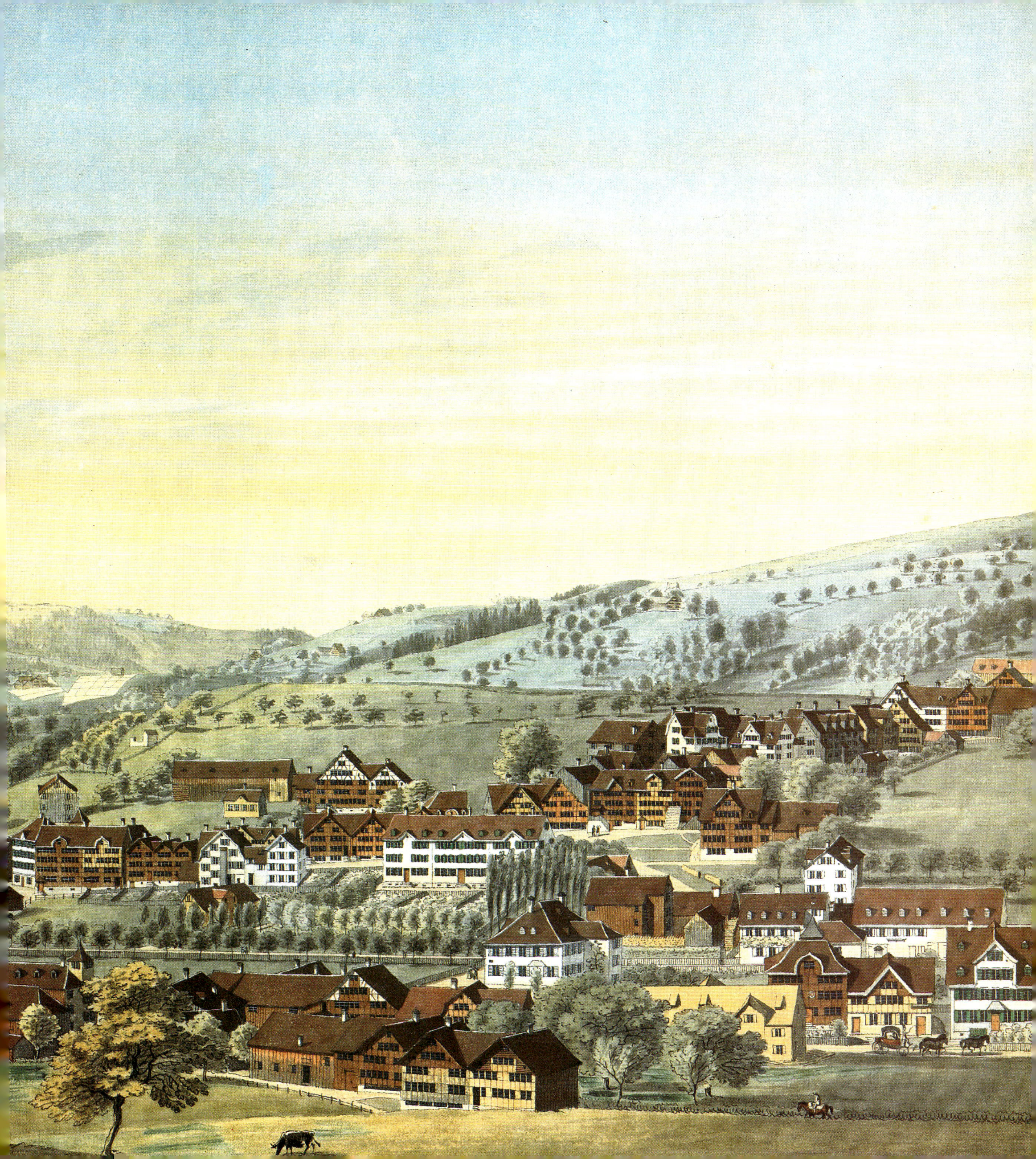

Appenzell

Das Appenzeller Bauernhaus besteht vielfach aus einem Einzelhof. Die Bauern leben so mitten in ihrem Eigentum auf der grünen Matte. Die Vorderfront der Gebäude ist in langen Fensterzeilen zu Gruppen geöffnet und von Täferblatten unterbrochen. Dahinter sind Zugläden angeordnet, die ganze Fensteröffnungen abschirmen können. Vegetationen schützen den Holzbau: vor der Wetterseite der Scheune stehen vielfach einige Eschen, vor der sonnigen Hauptfront Obstspalier und auf der Rückseite kontrastiert ein Holderbaum das witterungsbedingte Schindelgewand. Diese Bautypen, mit den im Sockelgeschoss eingebauten Webkellern haben sich bis ins benachbarte St. Gallergebiet, Rheintal und Toggenburg verbreitet.

Weberhaus mit Umbau in Trogen (Berg); anfangs 19. Jahrhundert.
Planzeichnung im Maßstab 1:150.

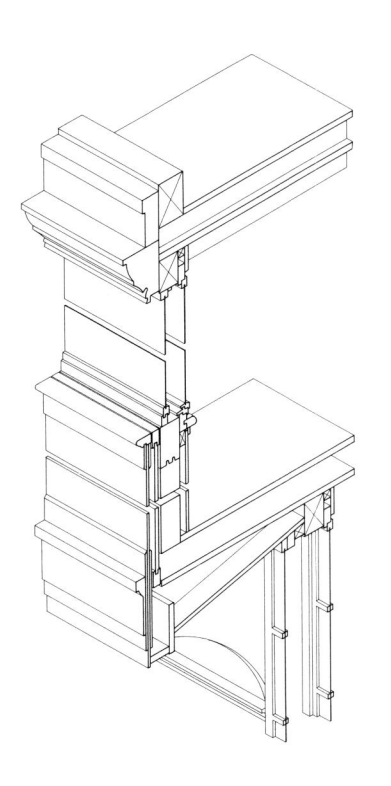

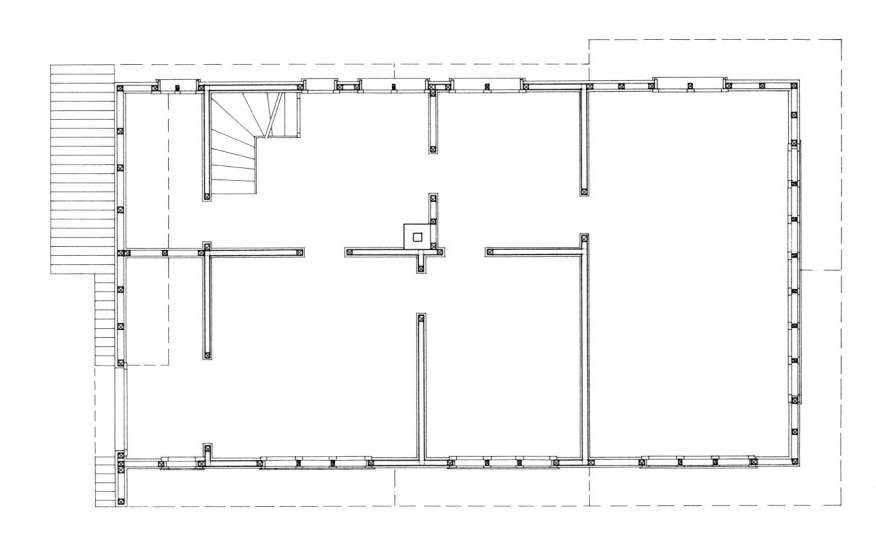

Weberhaus in Trogen (Berg), umgebaut im 17.–18. Jahrhundert. Die Häuser entsprechen sich alle in Grösse und Raumaufteilung, lediglich die Art der Verkleidung der Schaufassade ist je nach Baujahr verschieden.

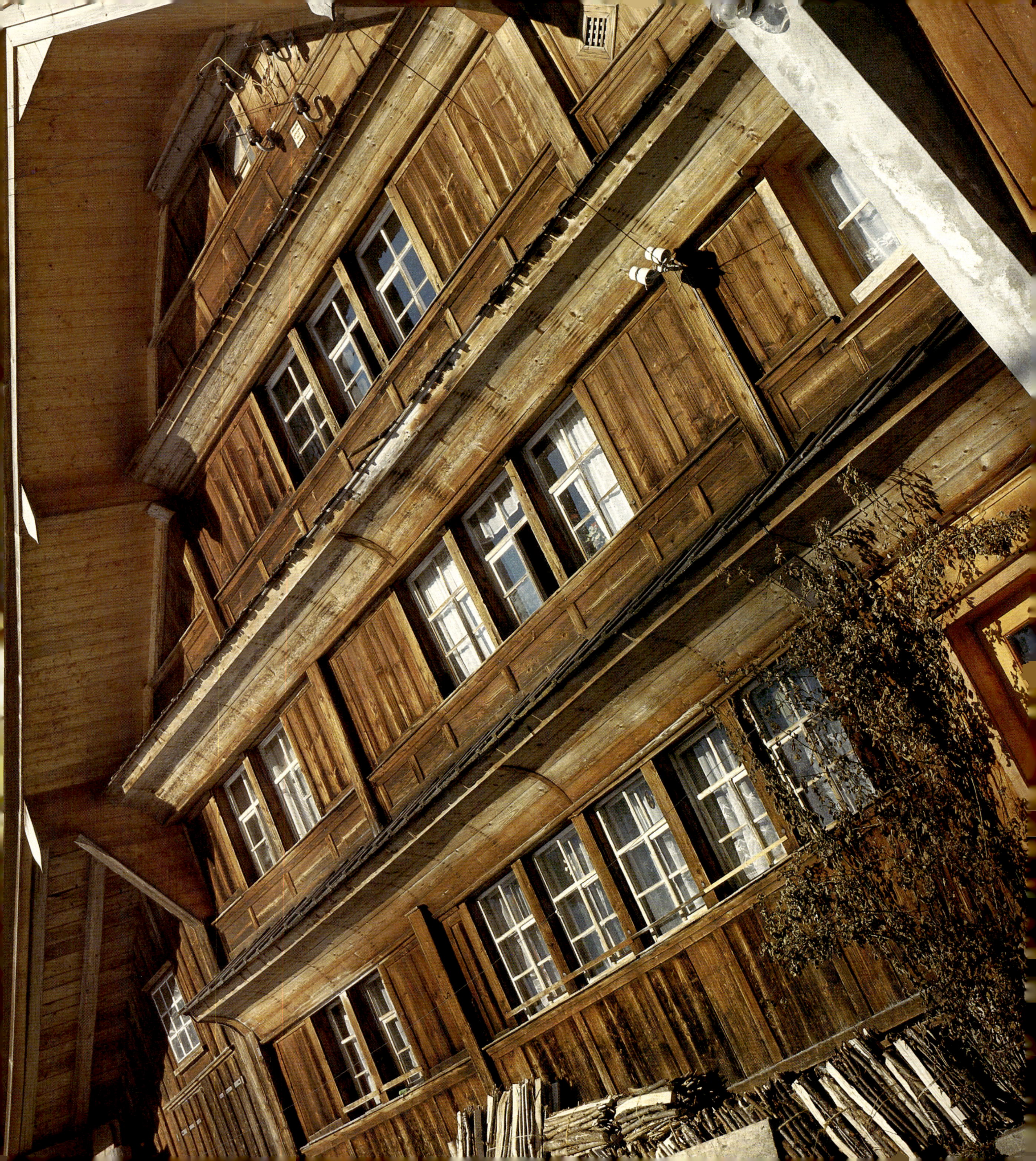

Vertäferte Blockwand, Fenster mit eingeschobenen Falläden, im Dorf Appenzell.

Die Wetterseite ist mit Regendächern über jedem Fenster verschindelt; aus dem Dorf Appenzell.

Sekundärer Vielzweckbau, Lindengut bei Herisau (Appenzell-Ausserrhoden).

Um den Dorfplatz von Gais sind nach dem Brand von 1780 Patrizierhäuser, mit zum Teil geschweiften Giebeln, wieder aufgebaut worden. Auf der Südseite des Platzes bilden die Häuserzeilen einen Übergang vom Barock zum Klassizismus.

Scheune und Stall sind mit dem Wohnhaus zusammengebaut. Gehöft in der Nähe von Schwellbrunn.

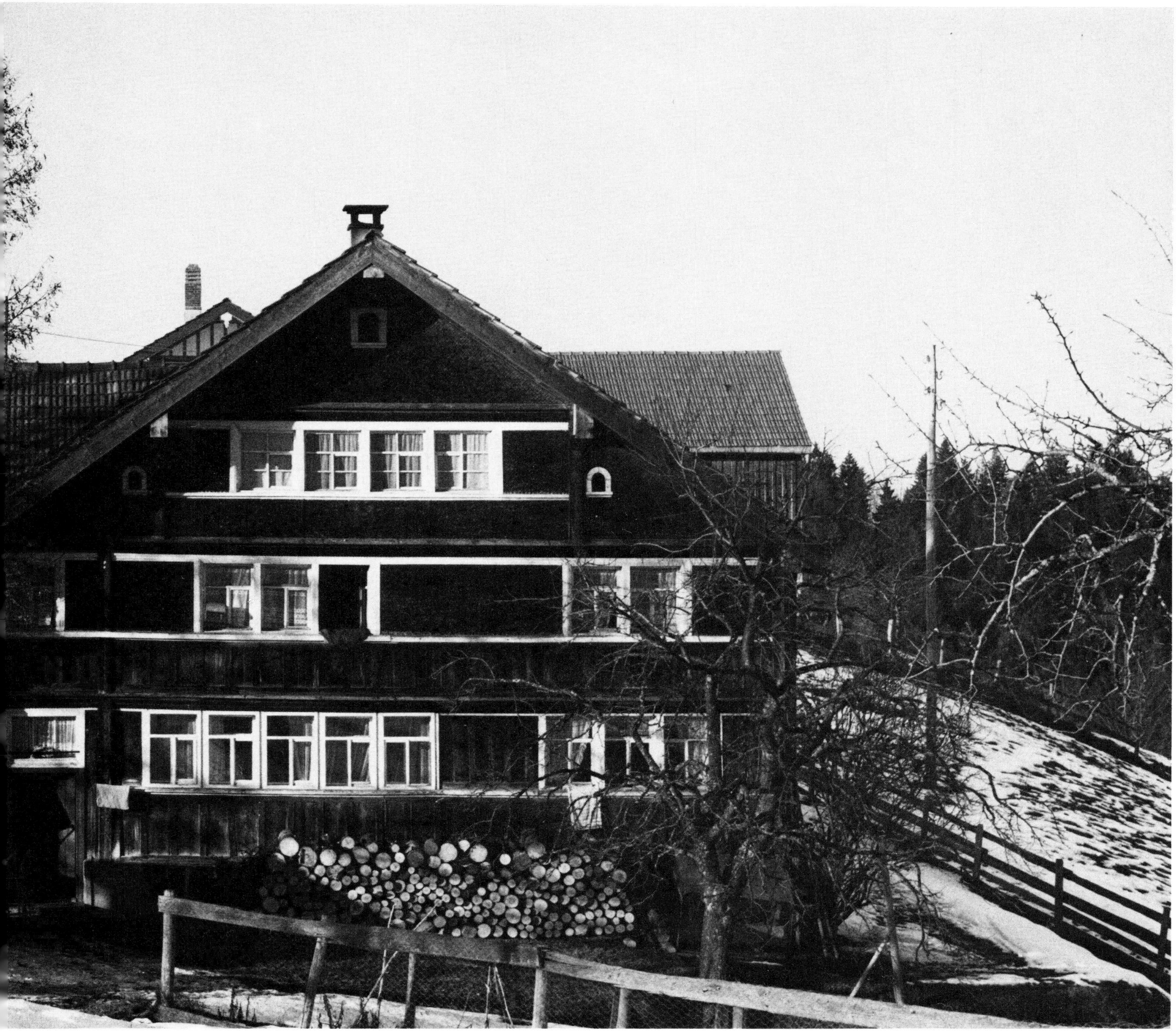

Bern

Das Emmentaler Gehöft besteht zur Hauptsache aus dem Bauernhaus, dem separaten Speicher, sowie dem Stöckli als Wohnort für die «pensionierten» Eltern. Die grosse Zahl bemalter Speicher- und Stöcklibauten gehört zum Gesamtbild des Emmentalerhauses. Ein grosses vorladendes Dach überdeckt das gesamte Bauwesen von Wohnung, Tenne und Stall. Vor seinen vielen Fenstern der Hauptfassade, zur Sonnenseite hin, blühen üppige Geranien.

Kleines Emmentaler Bauernhaus in Ständerkonstruktion, Tawner (Taglöhner)-Weberhäuschen mit Feinschindeldach.

Haus in Eggiswil im Emmental, in Blockbaukonstruktion.

Bauernhaus in Heimiswil (Emmental).
Die Aussenwände sind aus massivem Holz.

>
Typisches Bauernhaus aus dem Emmental.
Haus und Bauerngarten bilden eine Einheit.

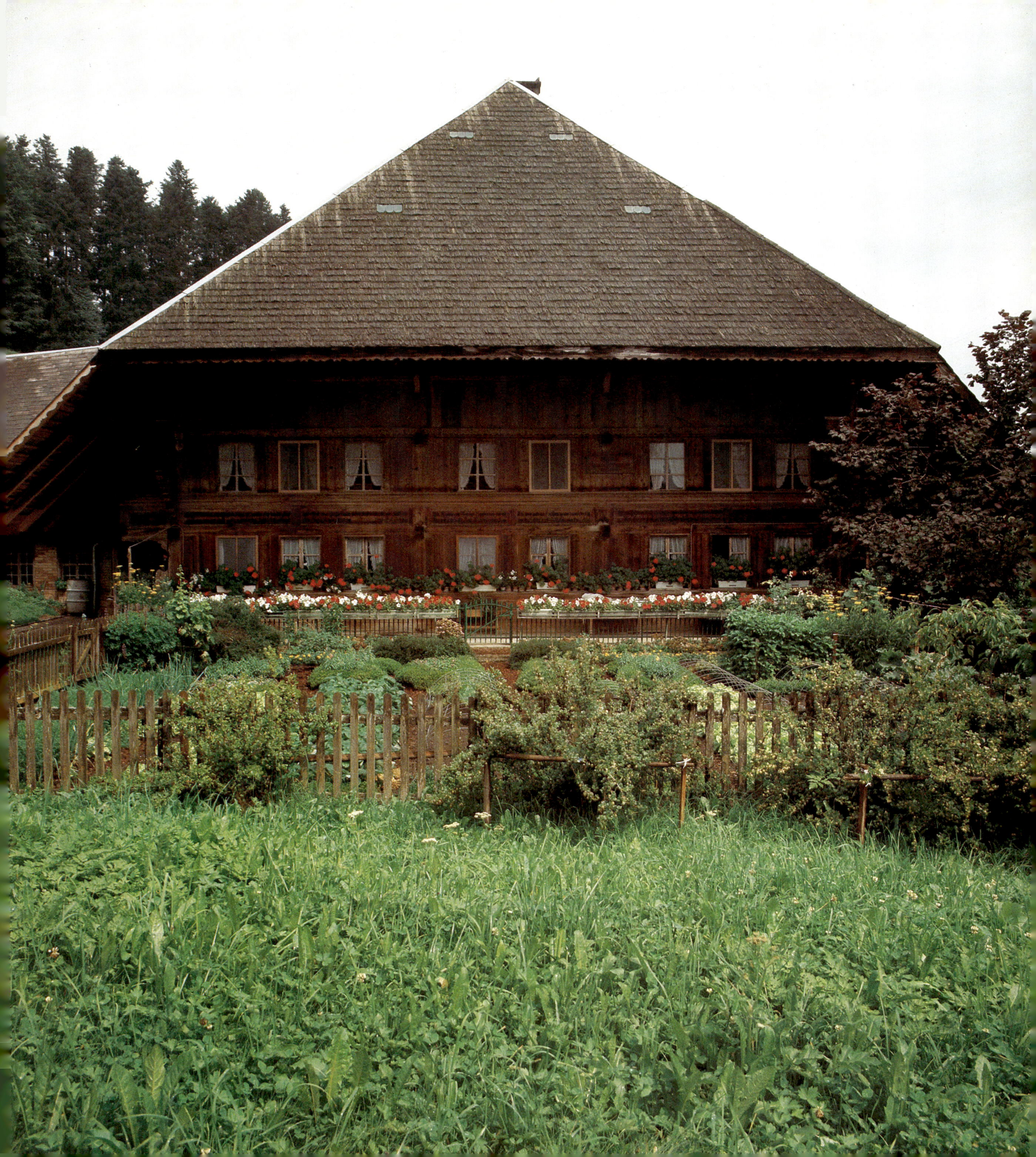

Herzwil bei Köniz (658 m ü. M.)
Der kleine Weiler bildet ein mustergültiges Ensemble des 18. Jahrhunderts und ist bis heute in seiner ursprünglichen Form erhalten geblieben.
Im Mittelland und bis in die wohnlichen Alpentäler nehmen die Bauernhäuser stattliche Dimensionen an. Der Holzbaustil fand hier reiche Entwicklung. Die Alpentäler liefern vorzügliches Baumaterial in Fülle.

Situationsplan 1:2000.

> Hausensemble mit nationalem milchwirtschaftlichem Museum in Kiesen bei Thun (Kanton Bern).

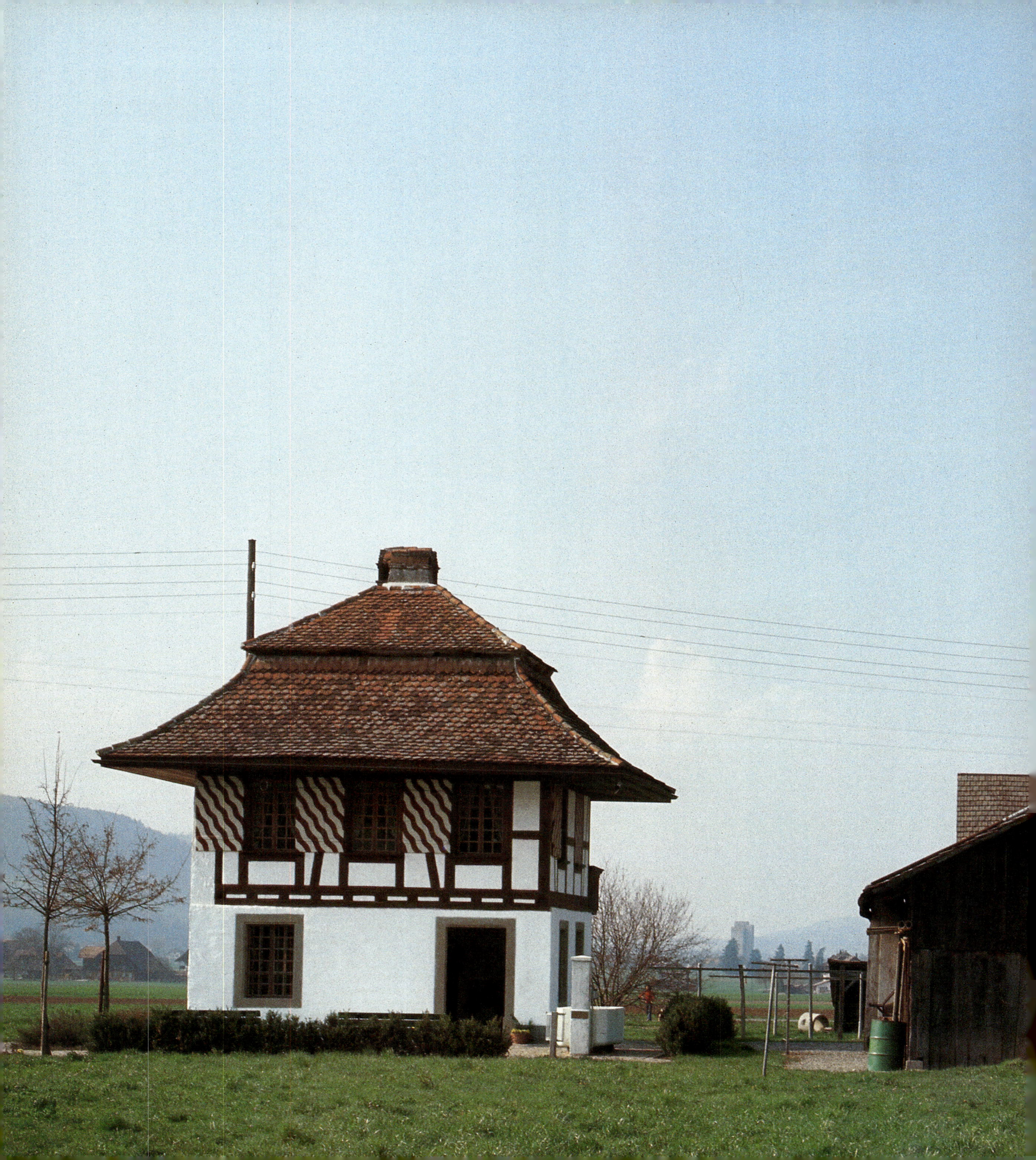

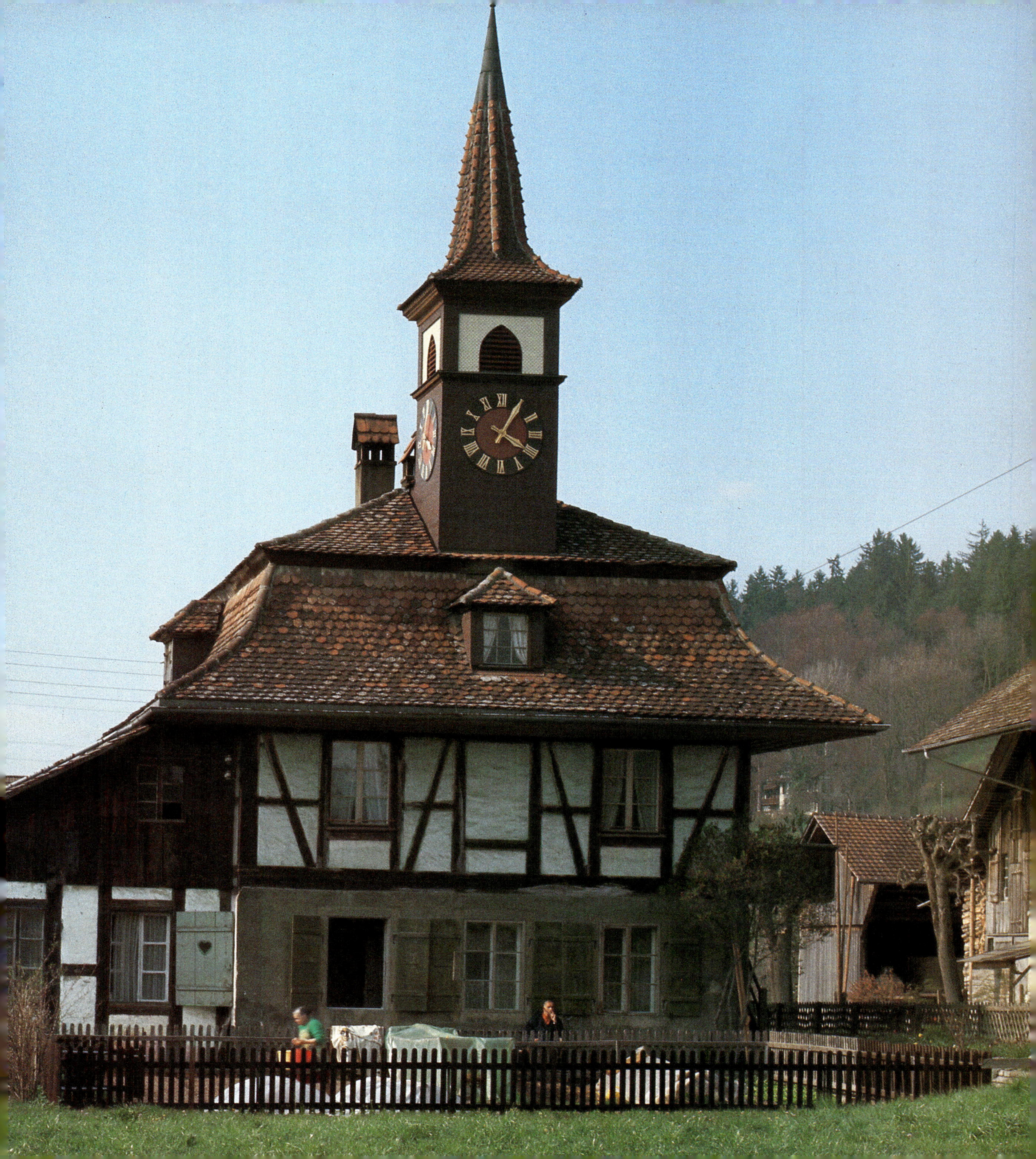

> Das «Alte Haus» in Richigen mit Rauchküche, 17. Jahrhundert.

Plandarstellung mit Rekonstruktion des Erdgeschosses im Maßstab 1:200.

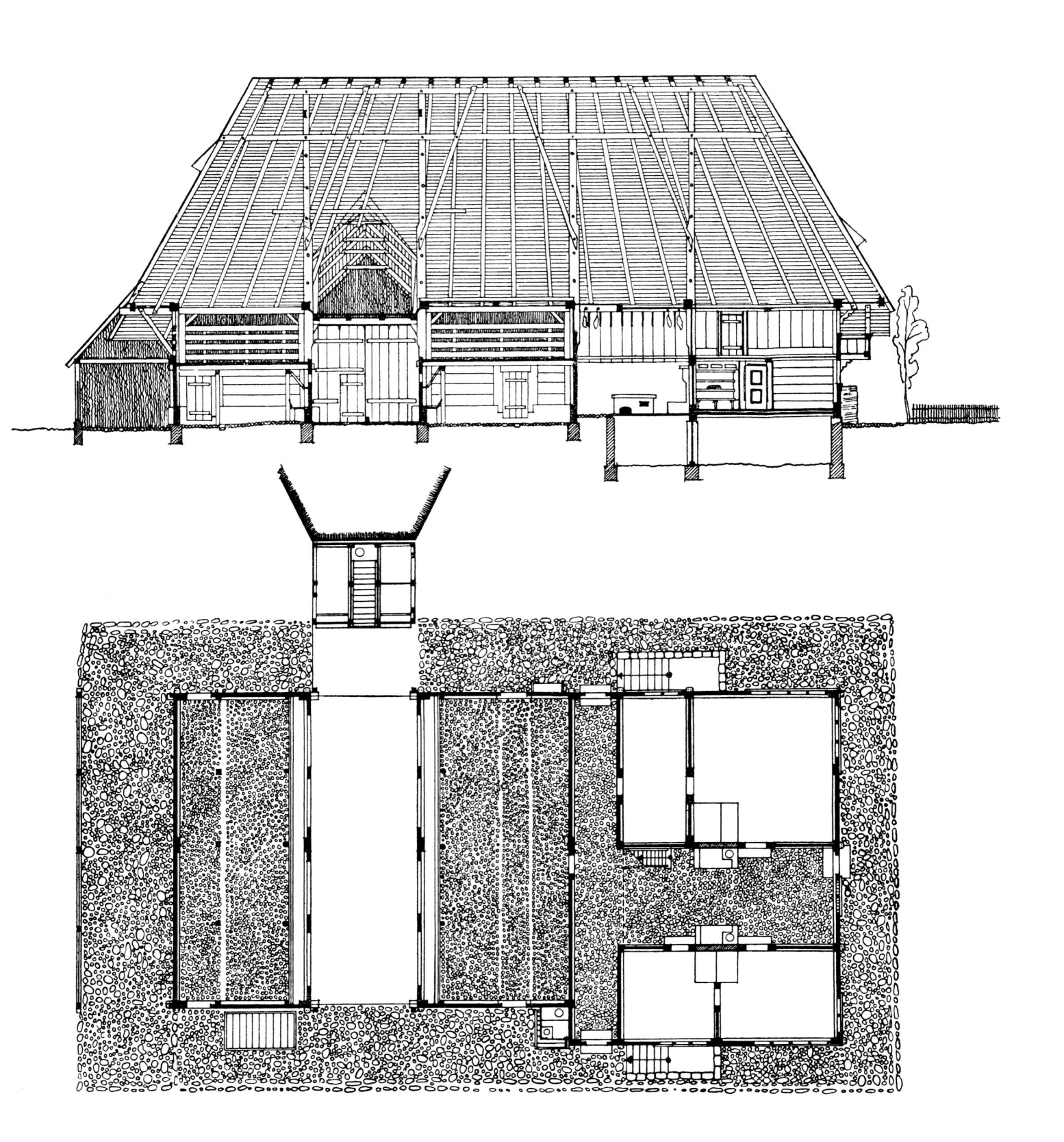

Typischer Emmentaler Speicher.

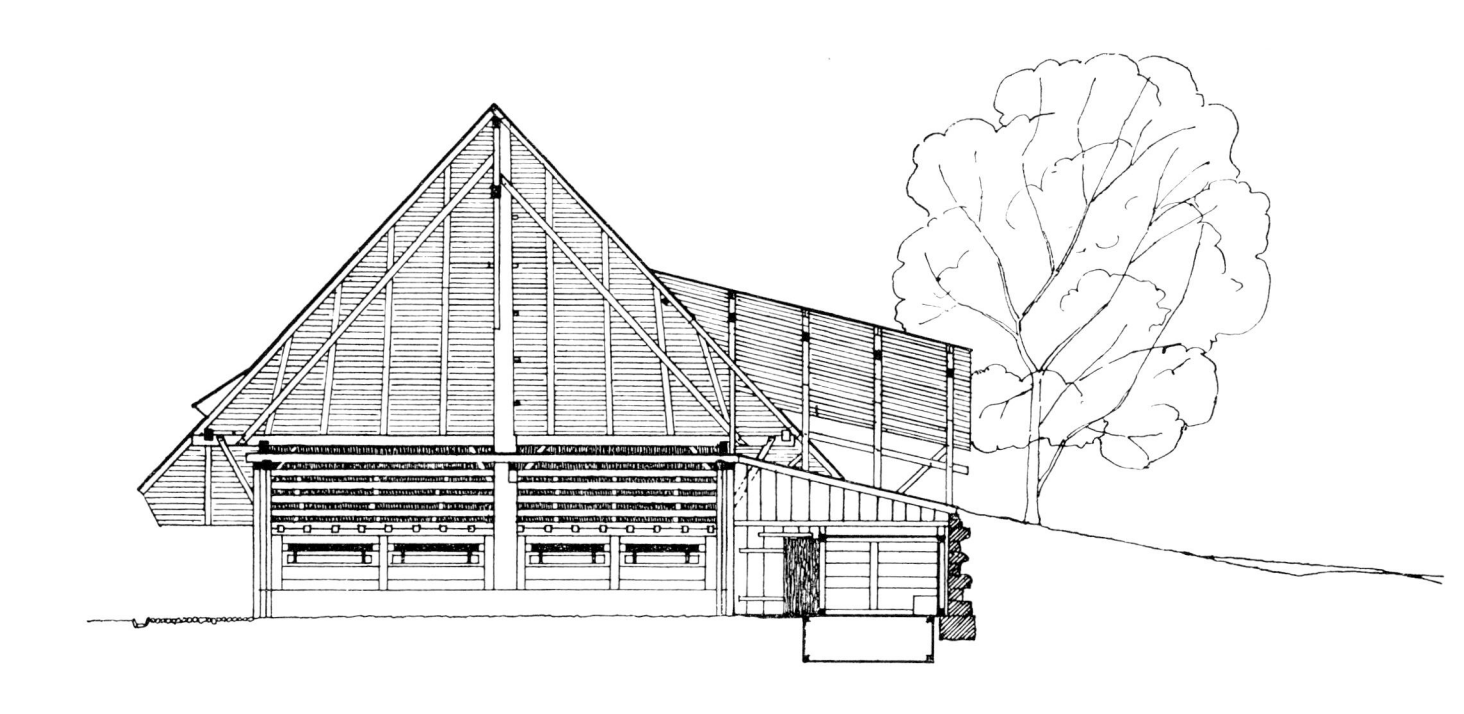

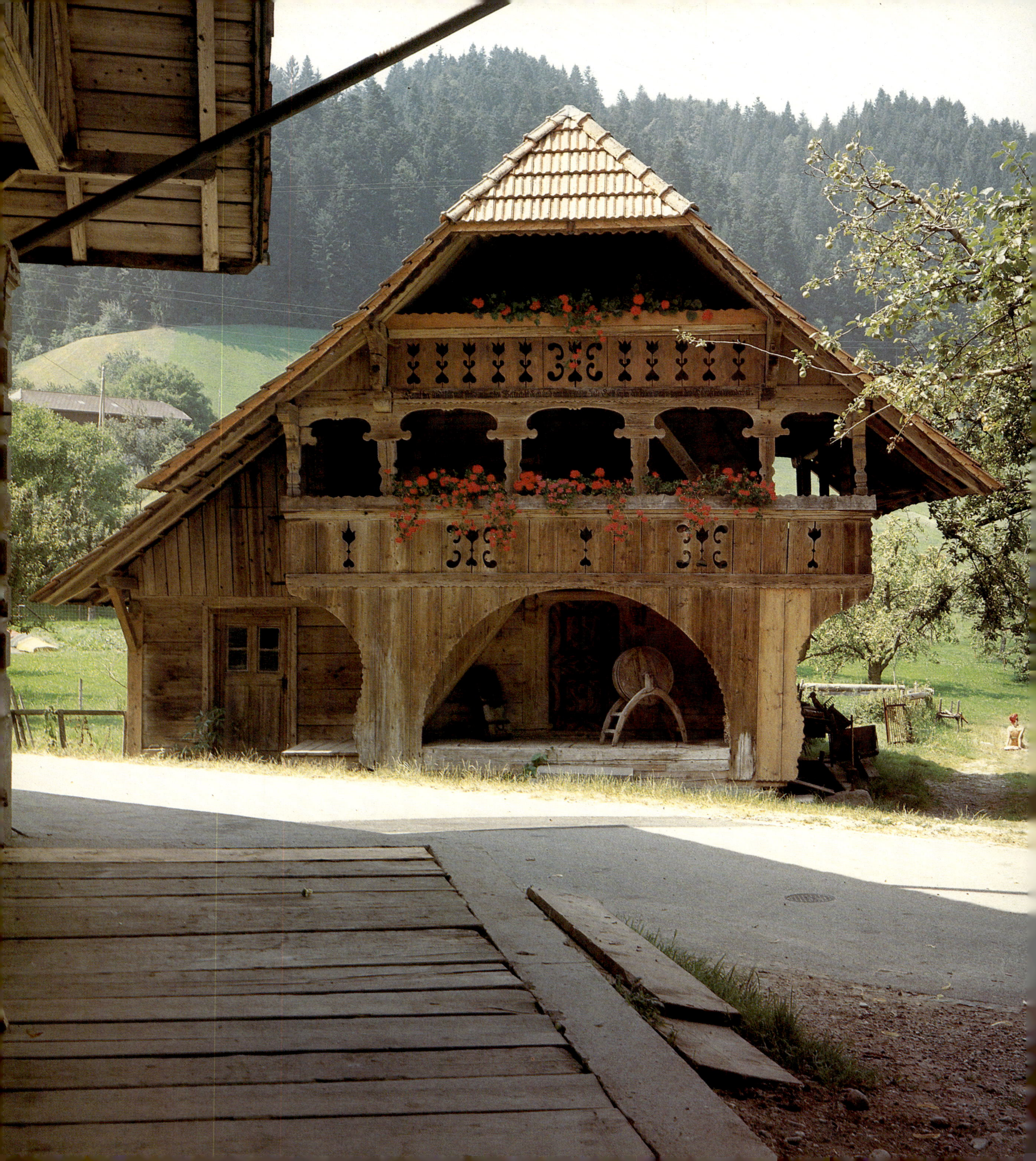

Das Holzwerk beim Simmentalerhaus sitzt auf einem steinernen Untergeschoss. Diese solide Unterlage ist durch die ausserordentliche Hanglage erforderlich. Das Haus ist im Blockbau in waagrecht liegenden aber hochkant gestellten Balken konstruiert. Diese Balken überschneiden sich an den Hausecken, sie sind «gewättet». Die Lauben «Loiba» unter schirmendem Vordach charakterisieren den Bau.

Stallscheune im Moos bei Därstetten (Kanton Bern).

Knutti-Haus im Moos bei Därstetten, erbaut 1756. Der intakte Zustand ist den vielen Generationen Knutti zu verdanken (seit 220 Jahren im gleichen Familienbesitz). Von Fachleuten wird dieses Gebäude als eines der schönsten Bauernhäuser bezeichnet. Das Wirtschaftsgebäude ist vom Wohnhaus getrennt.

Die Rückseite des Knutti-Hauses.

Speicherhublen auf der Mägisalp ob Hasli (Meiringen); Speicher für Käse. Die Dächer sind mit Schindeln gedeckt.

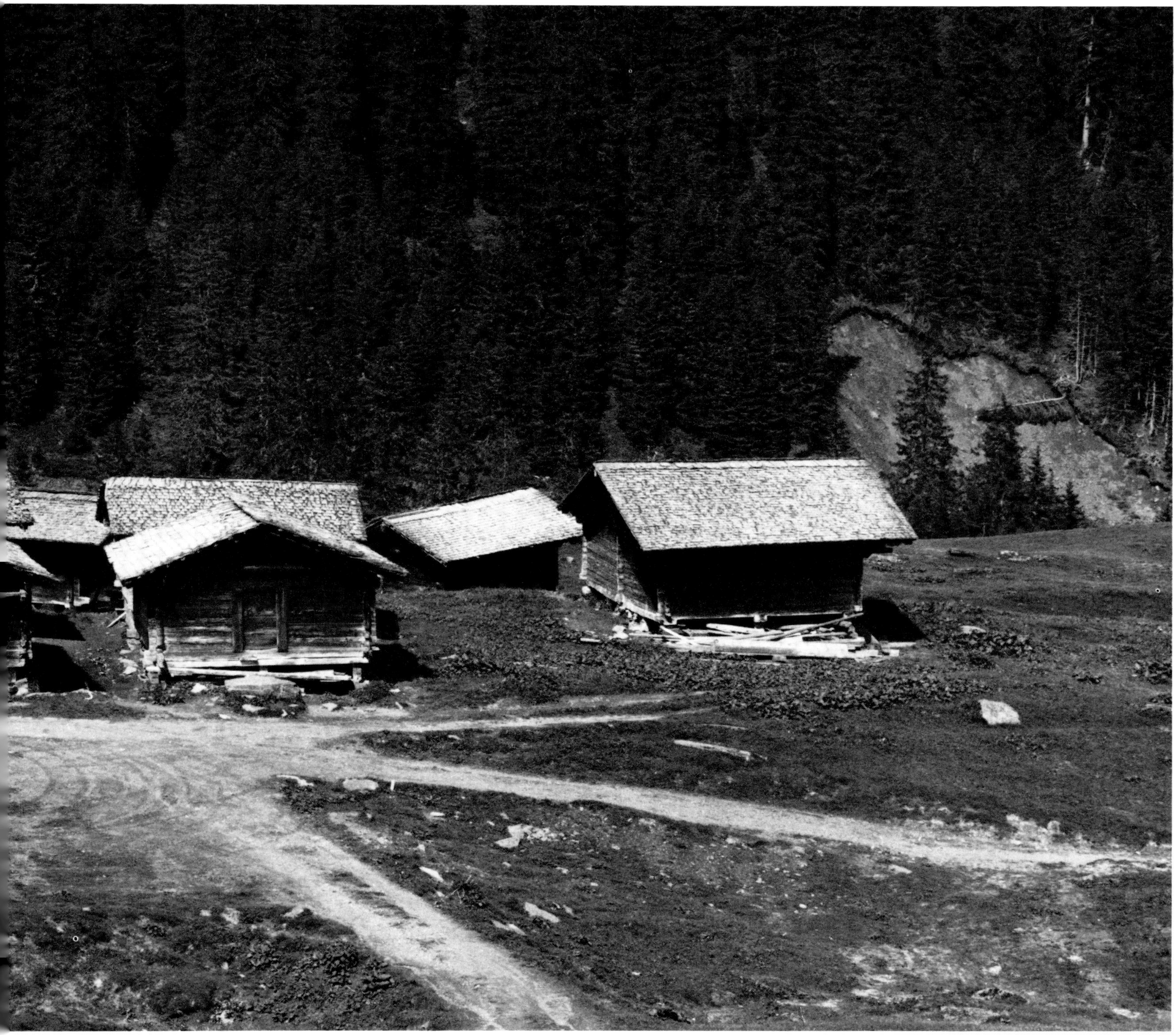

Das Seeland ist die Heimat der bernischen Hochstudhäuser. Noch bis vor 100 Jahren waren die grossen Vollwalmdächer mit Stroh gedeckt.

Das «Althus» in Jerisberghof bei Ferenbalm von 1703.
Die Stuben wurden 1783 erneuert. Heute wird der Hof
als kleines Bauernmuseum benutzt.

Die Fassaden sind mit Inschriften verziert; traufseitige Butzenscheiben-Reihenfenster mit Schnitzwerk. Zum Jerisberghof gehört auch ein Speicher aus dem Jahre 1725.

Der Jerisberghof ist ein Musterbeispiel eines unveränderten grossen Ständerbau-Bauernhauses des 18. Jahrhunderts.

Fribourg

Dieser Bautyp steht dem benachbarten Bernerhaus nahe.
Auch hier wird das weit vorspringende Hausdach wie ein
Schirm um das Haus herum gezogen. Einfache
Ornamente beleben die Fassaden.

Alte Stadtmühle in Murten aus dem 16. Jahrhundert. Erneuerungen im 17. und 18. Jahrhundert. Mit dem Umbau von 1770 wurden die Riegelwerkaufstockungen und das abgewalmte Mansardendach angebracht.

Bauernhaus im Blockbau aus Gempenbach (Kanton Fribourg). Der Weiler grenzt an den Kanton Bern.

Bauernhaus in Schmitten (Kanton Fribourg), erbaut 1830. Beispiel der Sensler Bauart, Fassade mit «Ründe» (Burgunderbogen).

Waadt

Das Waadtländer Bauernhaus macht bei aller Einfachheit den Eindruck freundlicher Wohnlichkeit. Nach bernischem Vorbild abgewalmte Dächer schmücken oft die soliden weissen Steinhäuser.

Théâtre du Jorat in Mézières, erbaut 1907/08. Der Bau
ist im ländlichen Stil ausschliesslich in Holz konstruiert.
Die Grundidee war, ein Theater mit der Landschaft
in Einklang zu bringen.

Dorfbrunnen in Gollion (Kanton Waadt) über dem Genfersee. Der Brunnen gehört zu einer Gemeinde von 300 Einwohnern (500 m ü. M.).
Planzeichnung im Maßstab 1:100.

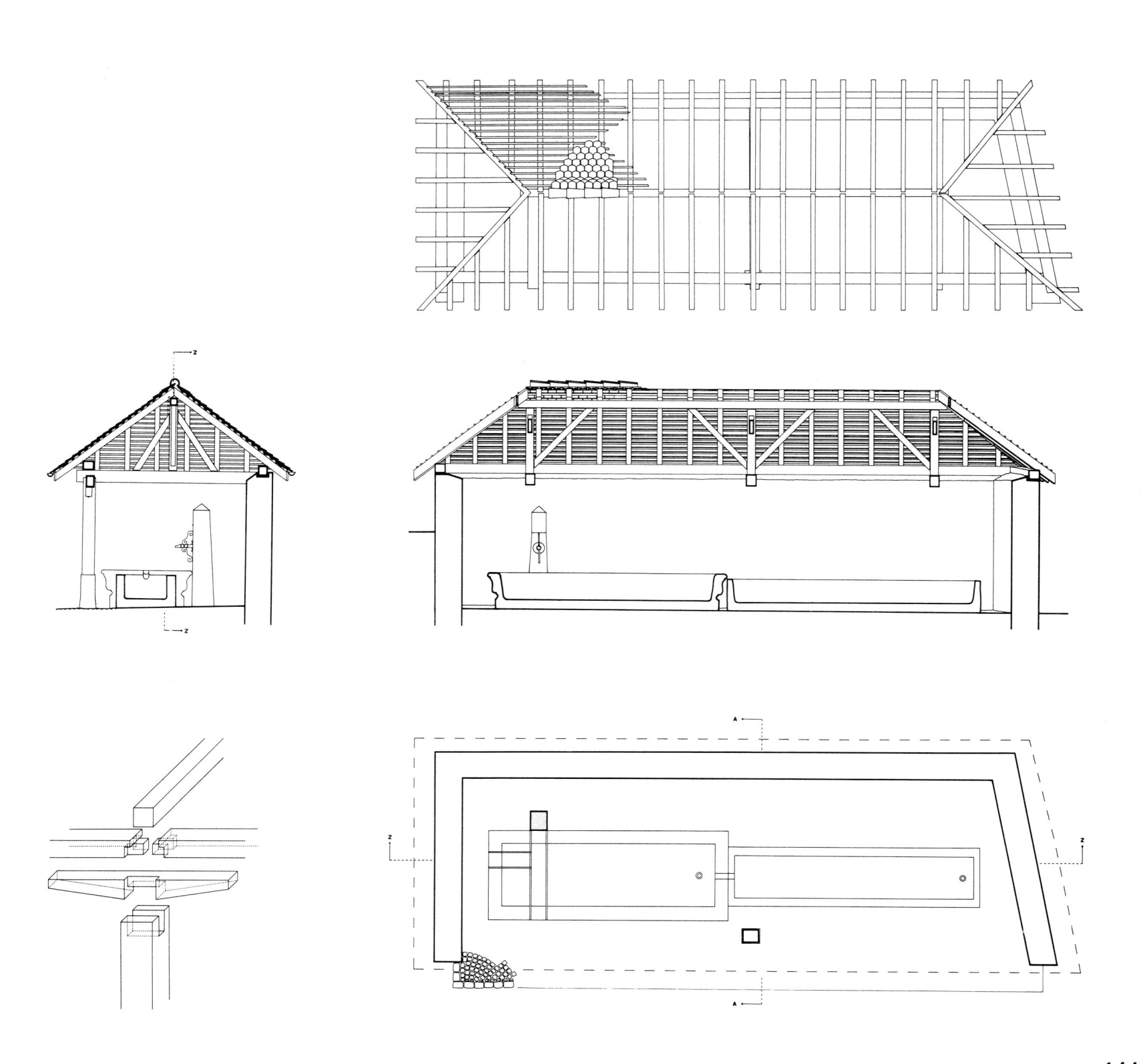

144

Die Überdachung des Brunnens in ursprünglicher Holzkonstruktion.

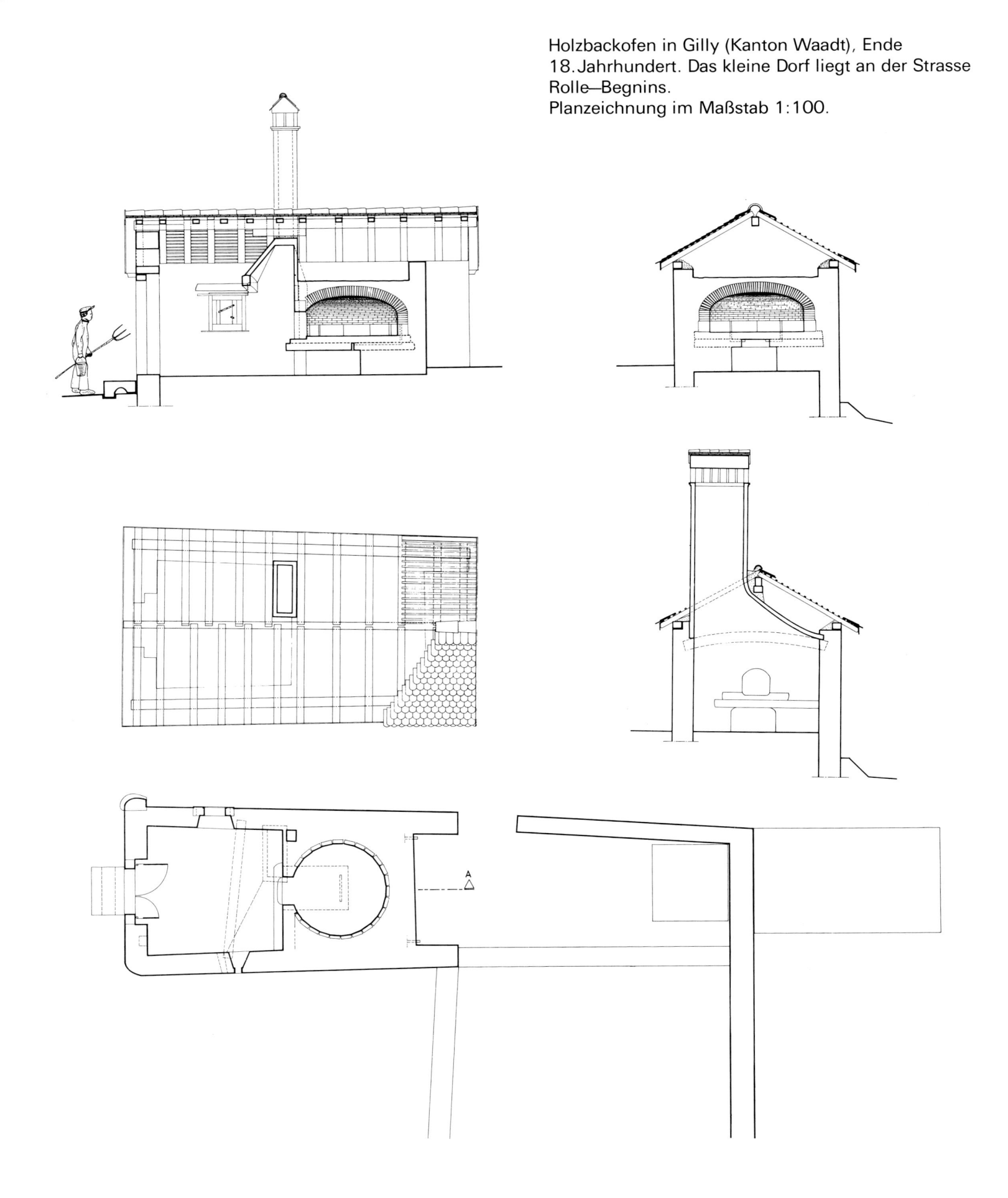

Holzbackofen in Gilly (Kanton Waadt), Ende 18. Jahrhundert. Das kleine Dorf liegt an der Strasse Rolle—Begnins.
Planzeichnung im Maßstab 1:100.

146

Das Ofenhaus in einfacher Steinkonstruktion.

Holzscheune in Coinsins (Kanton Waadt). Das Dorf liegt oberhalb Nyon an der Weinstrasse, auf steilen Terrassen der Lavaux über dem Genfersee.
Planzeichnung im Maßstab 1:100.

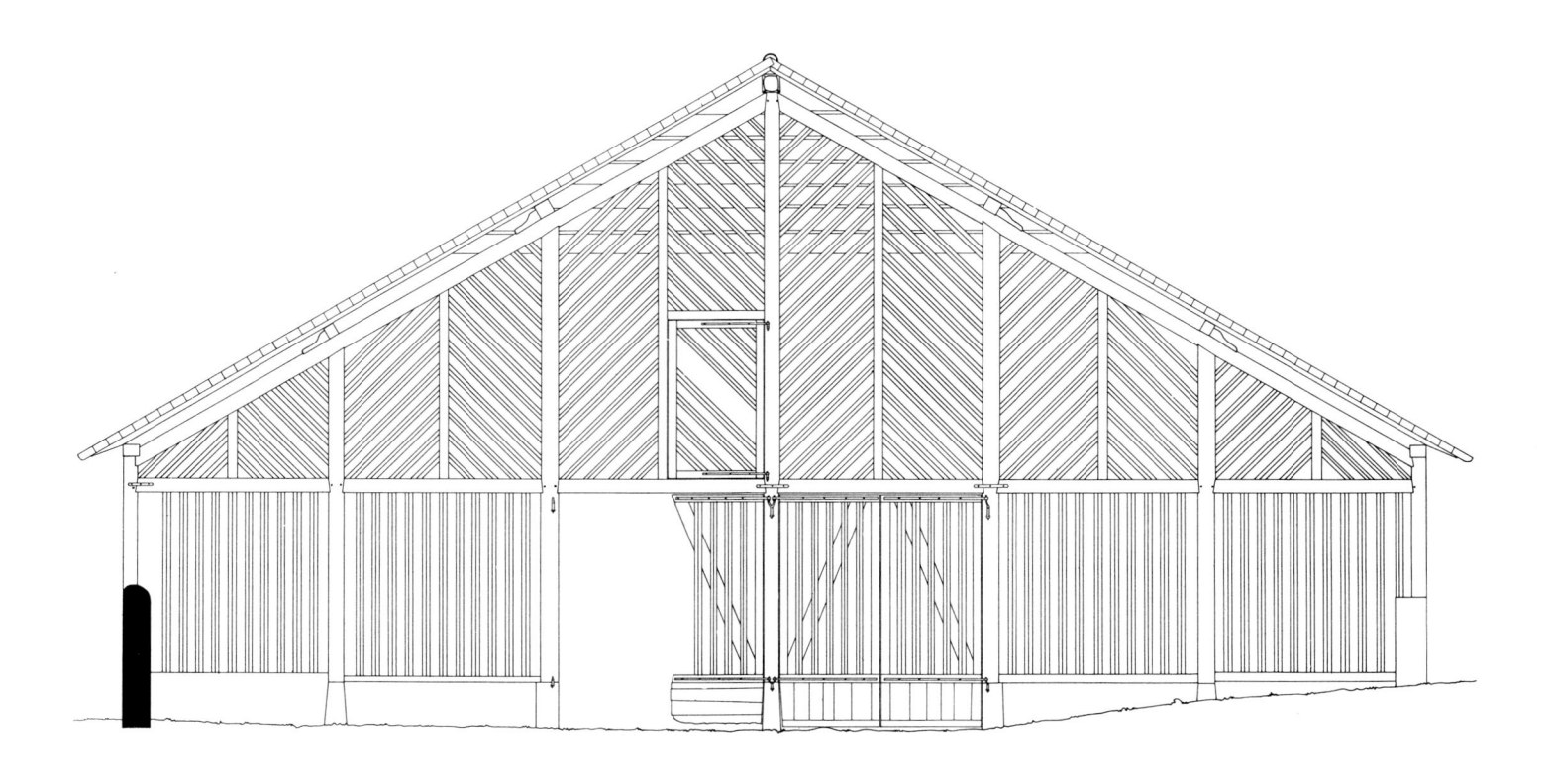

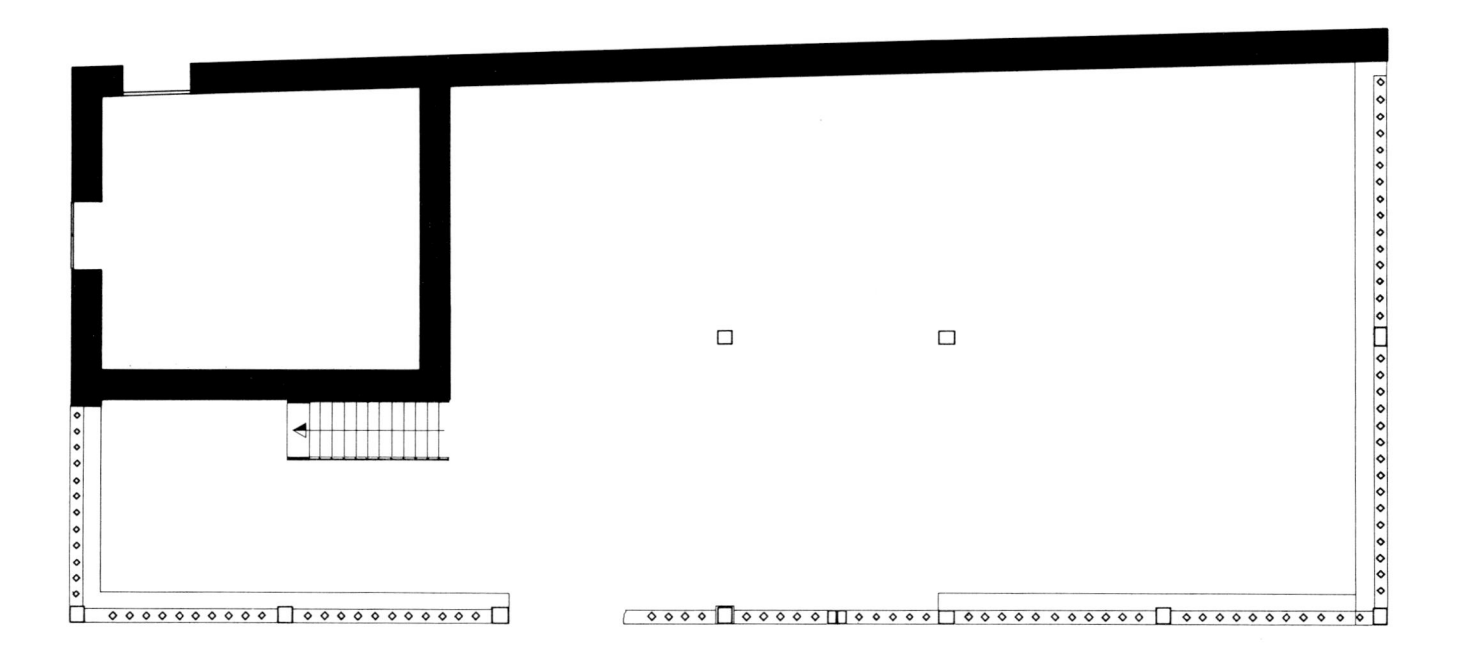

Rhythmisierung der Fassade mittels Holzraster.

Holzspeicher in Cergnat, erbaut im 18. Jahrhundert. Der Speicher liegt an der Strasse von Le Sepey nach Leysin. Planzeichnung im Maßstab 1:100.

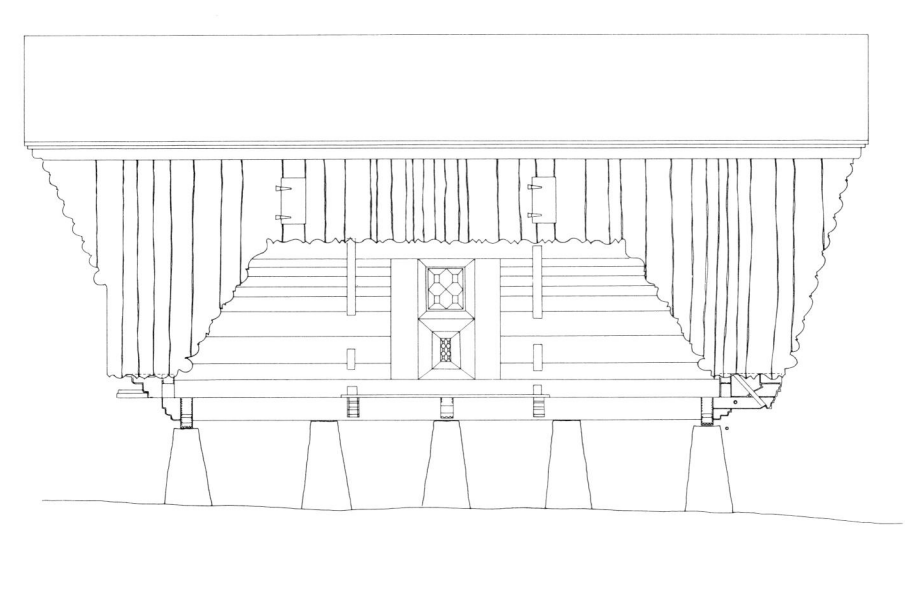

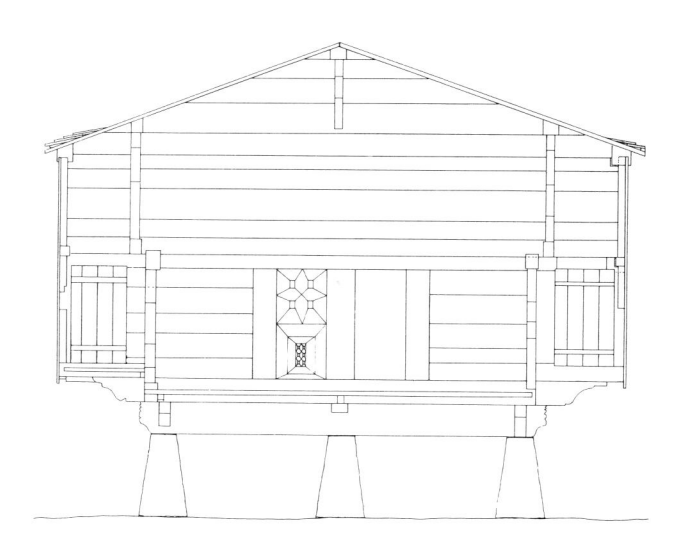

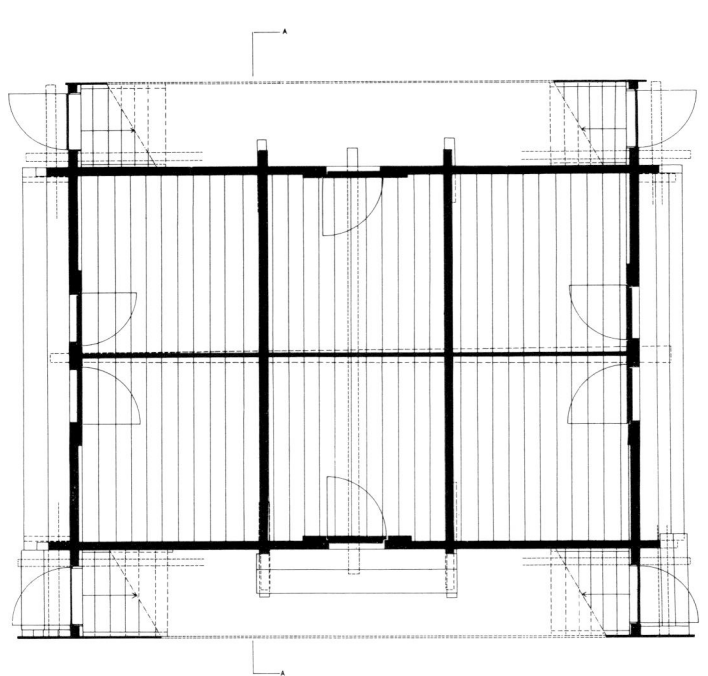

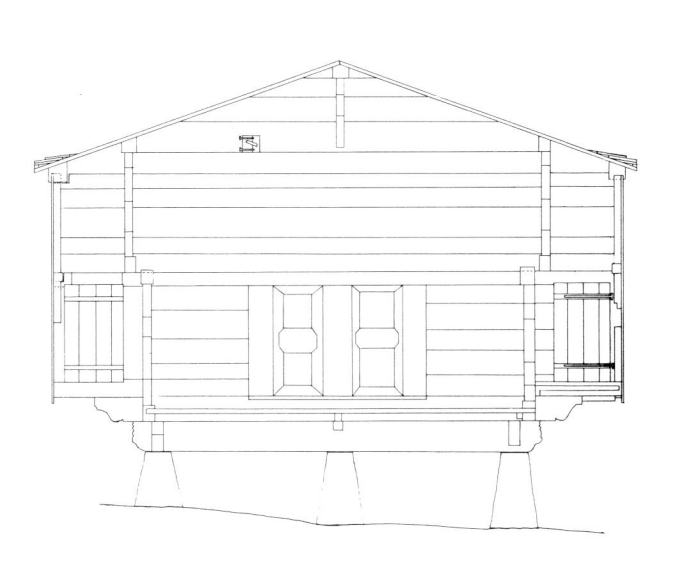

Dynamische Gliederung aller Fassadenteile.

> «Grand chalet» (Grosshaus) ausserhalb Rossinière, erbaut 1752–56; Vorderfassade mit Eingang.

Hervorragendes Beispiel ländlicher Holzarchitektur der Schweiz mit vier resp. fünf Geschossen und Satteldach mit Krüppelwalm; Gartenfassade.

...HOZ MODERNE CURIAL DE ROSSINIERE FILS DE FEU HONORAB- -LE GABRIEL HENCHOZ EN SON VIVANT ANCIEN JUGE, CURIAL ET GOUV...
...ET JUSTICIER DU DIT ROSSINIERE SAMUEL ISOZ PIERRE BRIC- -OD DAVID GENEINE ET JEAN PIERRE LYBIRDE RIERE LE DIT CHATE...
...NIERE L'AN 1752. QUID REFERT QUA SIS PATRIA SATUS OMNIB- -US UNA QUÆRENDA EST NON BIS NON PÆRITURA DOMUS IN TUA...

...ST AUJOURDHUI LE POSSESSEUR ET SUR CEUX QUI LE SE- -RONT DANS LA SUITE INSPIRE TOUJOURS DANS LEUR C...
...ENCE TU PUISSES LES REGARDER COMME TES ENFANTS ET -QUAND ILS AURONT FINI LEUR CARRIERE ICI BAS DANS CES...

AVEC LUI SANS CESSE LUI DEMANDE UN TRIBUT DONT EN VAIN SON ORGUEIL SE DEFEND IL COMMENCE À MOURIR LONG...
ORGUEIL EST RIDICULE ET VAIN LES VERS S'ENGRAISSE- -RONT DESSUS TA CHAIR POURRIE FAI BIEN DÈS AUJOURD'...

Wallis

An den Hängen des Rhonetales und in den Seitentälern finden sich die einzigartigen Gestalten der Stadel, die als Erntespeicher benützt werden. Der sonnengebräunte Blockbau aus Lärchenholz liegt auf vier oder sechs starken Stützen, die mit einer radgrossen kreisrunden Gneisplatte abgedeckt sind. Diese Platte bildet ein unüberwindliches Hindernis für Mäuse.

Zweiraumtiefes Wohnhaus in Evolène, Kanton Wallis.

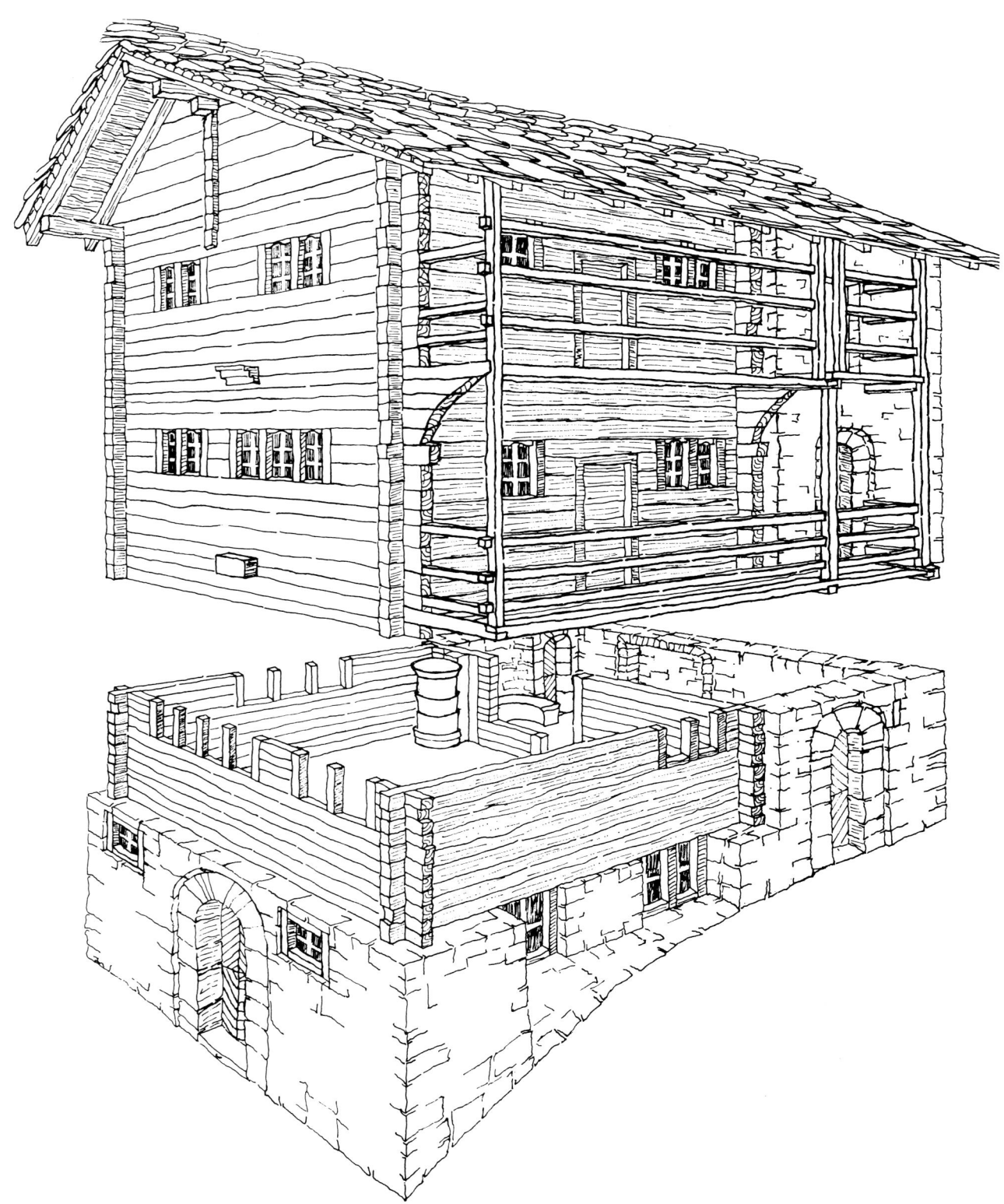

«Z'Jülisch» Stadel in Münster im Obergoms,
19. Jahrhundert.
Imposanter Getreidestadel im Gomsertal

>
Blockstadel in Grächenbiel bei Grächen, auf Holzstützen
mit Steinscheiben-Kapitellen.

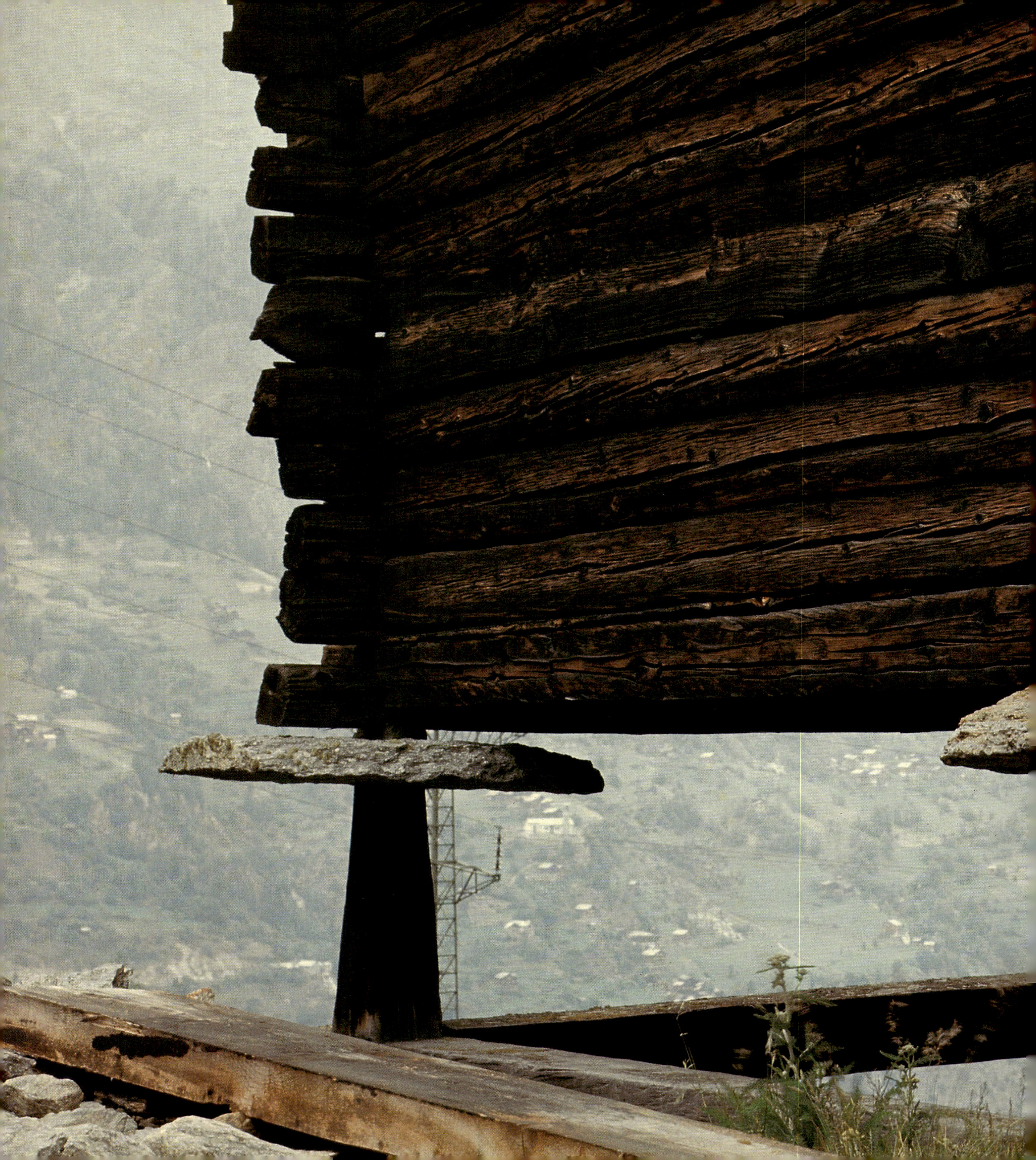

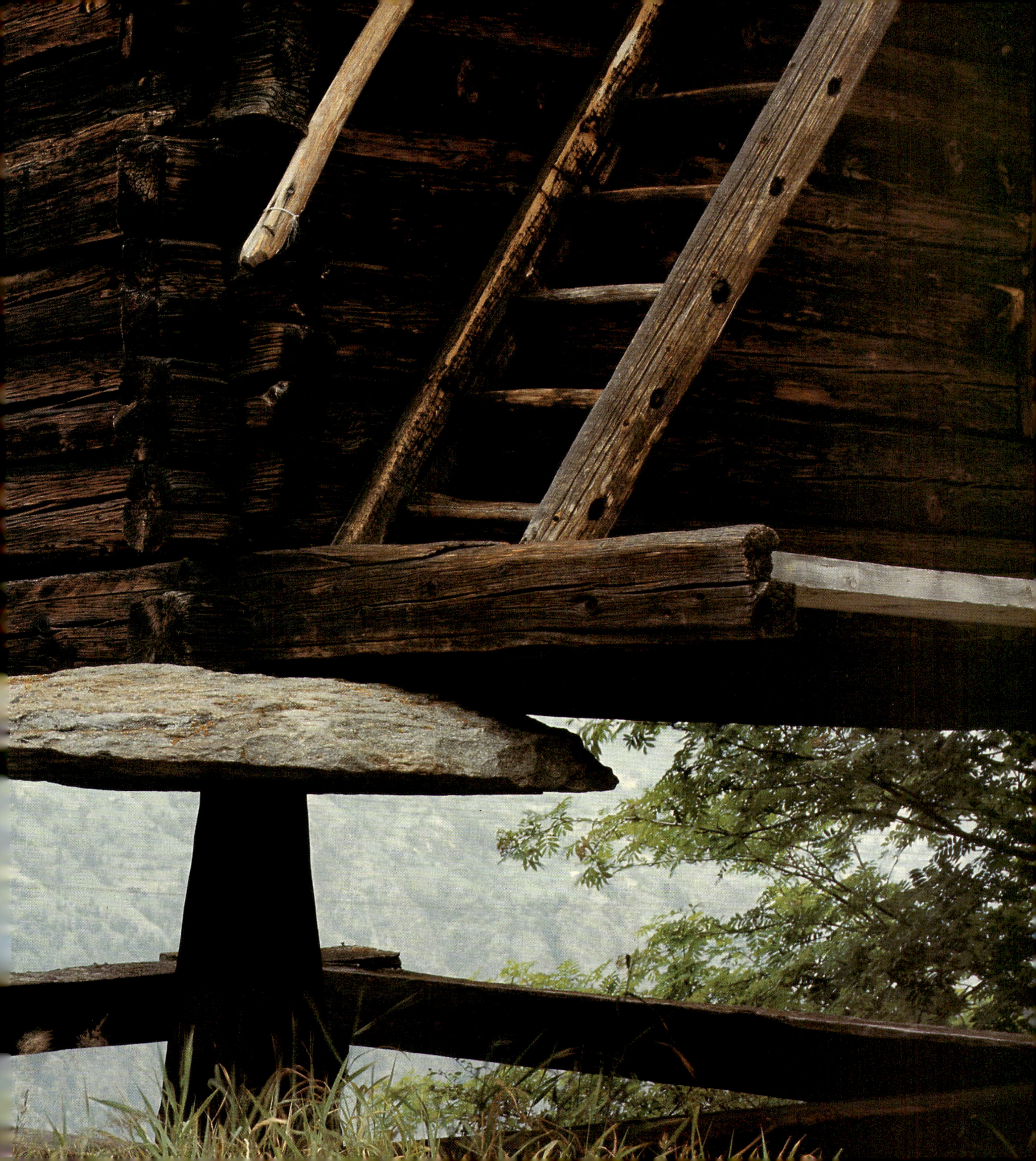

Der Blockstadel in Grächenbiel bei Grächen ist aus Kanthölzern, meist in Lärchenholz, gefügt und mit dem Beil behauen.

Umzäunung bei Mühlental im Goms.

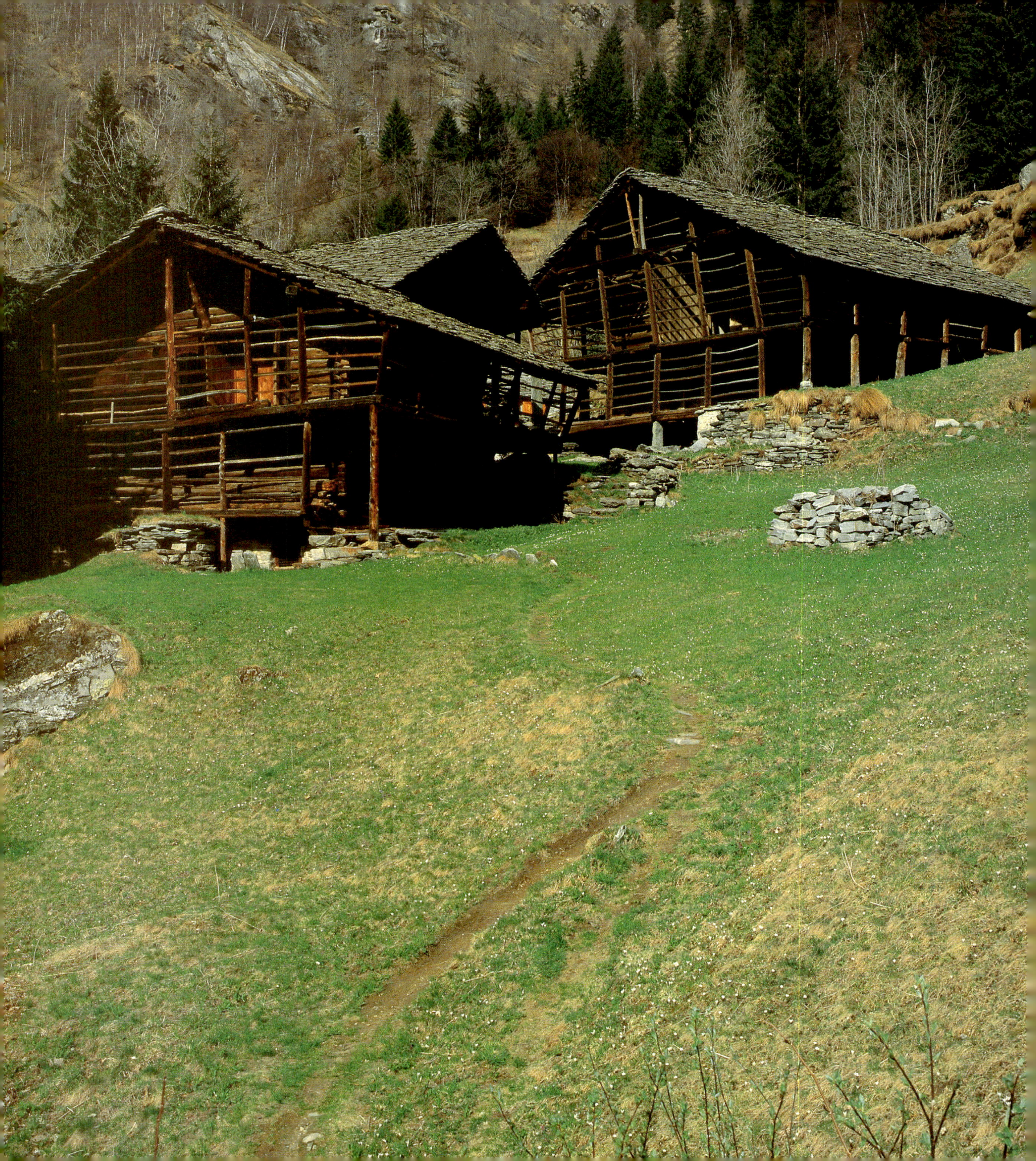

Walserhäuser

Charakteristisch für die Walser Kolonie ist die aus dem Wallis in die Täler hinter dem Monte Rosa gebrachte Bauform. An den gut erhaltenen Beispielen aus Alagna lassen sich diese ursprünglichen Konstruktionen besonders gut zeigen.

Walserhäuser aus Alagna im Valsésia (Italien). Bestehende Hauskerne in Stein oder Holzblock werden von Ständerbauten umschlossen. Verbretterung der Brüstung.

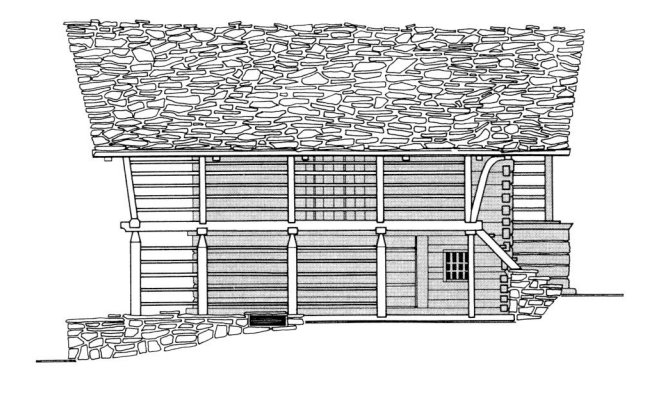

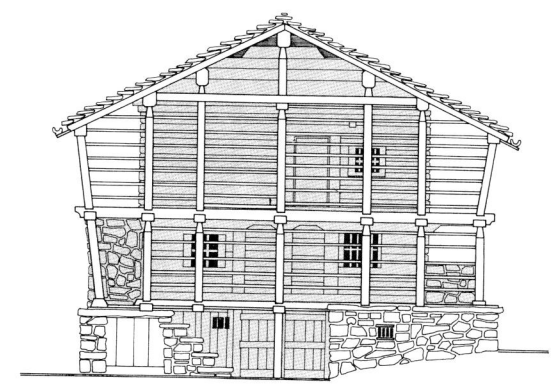

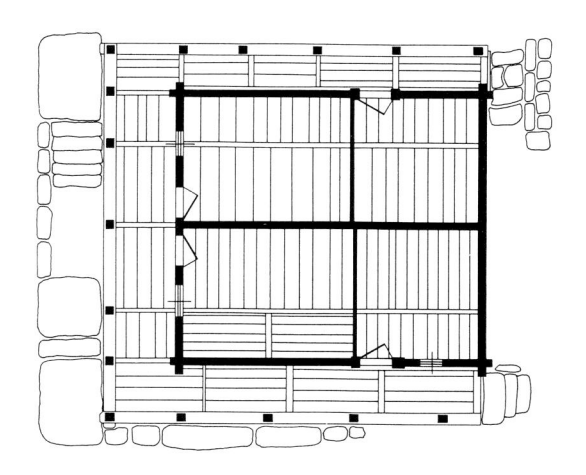

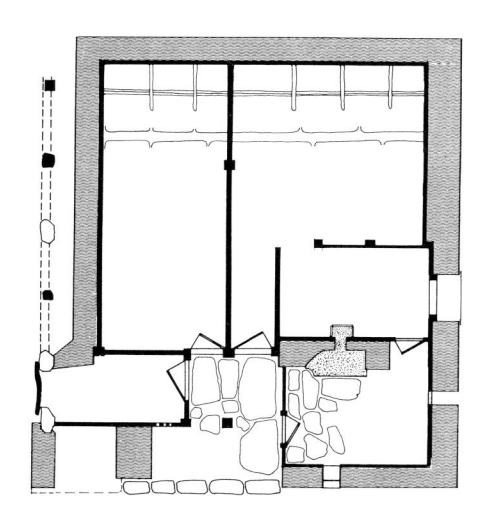

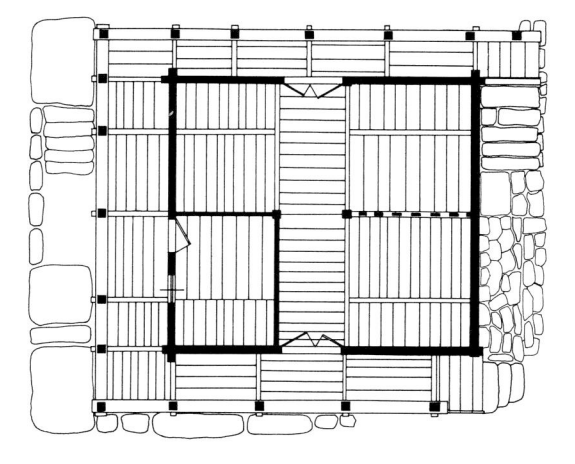

Eine typische Block- und Ständerkonstruktion aus der Gegend des Valsésias (Italien).

Haustyp auf der «Alpi d'Otro» über Alagna
(1674 m ü. M.), hinter dem Monte Rosa.
Blockstadel mit schräg auskragenden Umgangslauben.

Graubünden

Der einfache Blockbau auf der Alp und das stattliche Engadinerhaus kontrastieren sich gegenseitig. Auf sonnigen Terrassen des Bergells und Puschlavs finden wir unzählige dunkelbraun gewordene Blockbauten. Ein typisches Merkmal dieser hochalpinen Bauten ist die steinerne Plattform mit ihren vier Eckpfeilern. Das Dach ist mit Granitsteinen belegt, und horizontale Holzblöcke greifen skelettartig in das Mauerwerk als nicht statisches Element hinein. Das gemauerte Engadinerhaus in wuchtigen Formen steht wiederum im Gegensatz zu seinem zierlichen Fassadenschmuck mit den kleinen, trichterförmigen Fenstern. Diese Häuser stehen in ihrer geschlossenen Bauweise längs der Dorfstrasse oder um einen Platz herum.

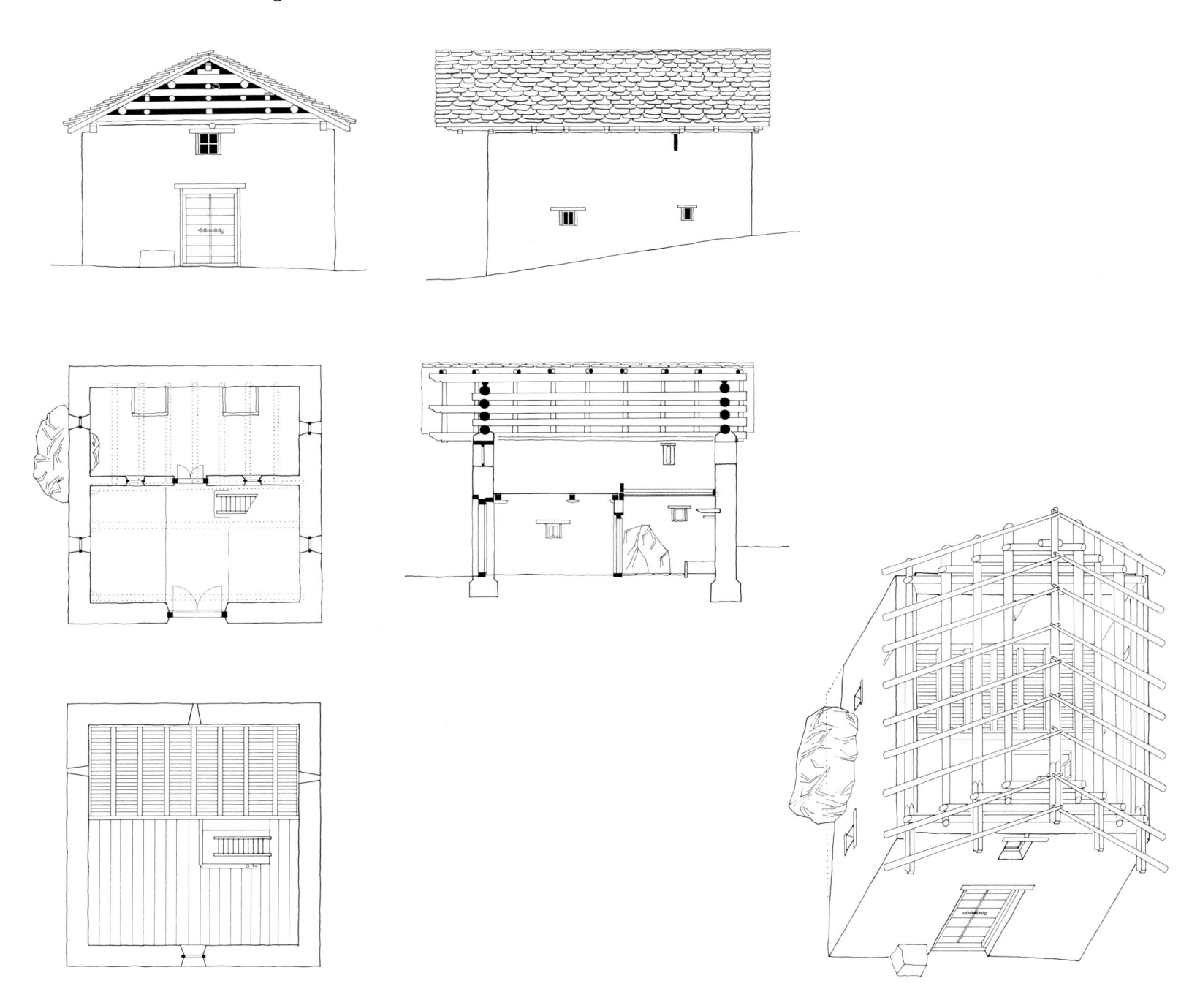

Bautypen in Soglio-Plazza (Bergell).
<
Kastaniendörrhaus mit Vorraum, Rauchkammer mit zwei Mottefeuern und Dörrost.
Planzeichnungen im Maßstab 1:150.

Soglio im Bergell.
Eckpfeiler Heustall, Planzeichnung im Maßstab 1:150.

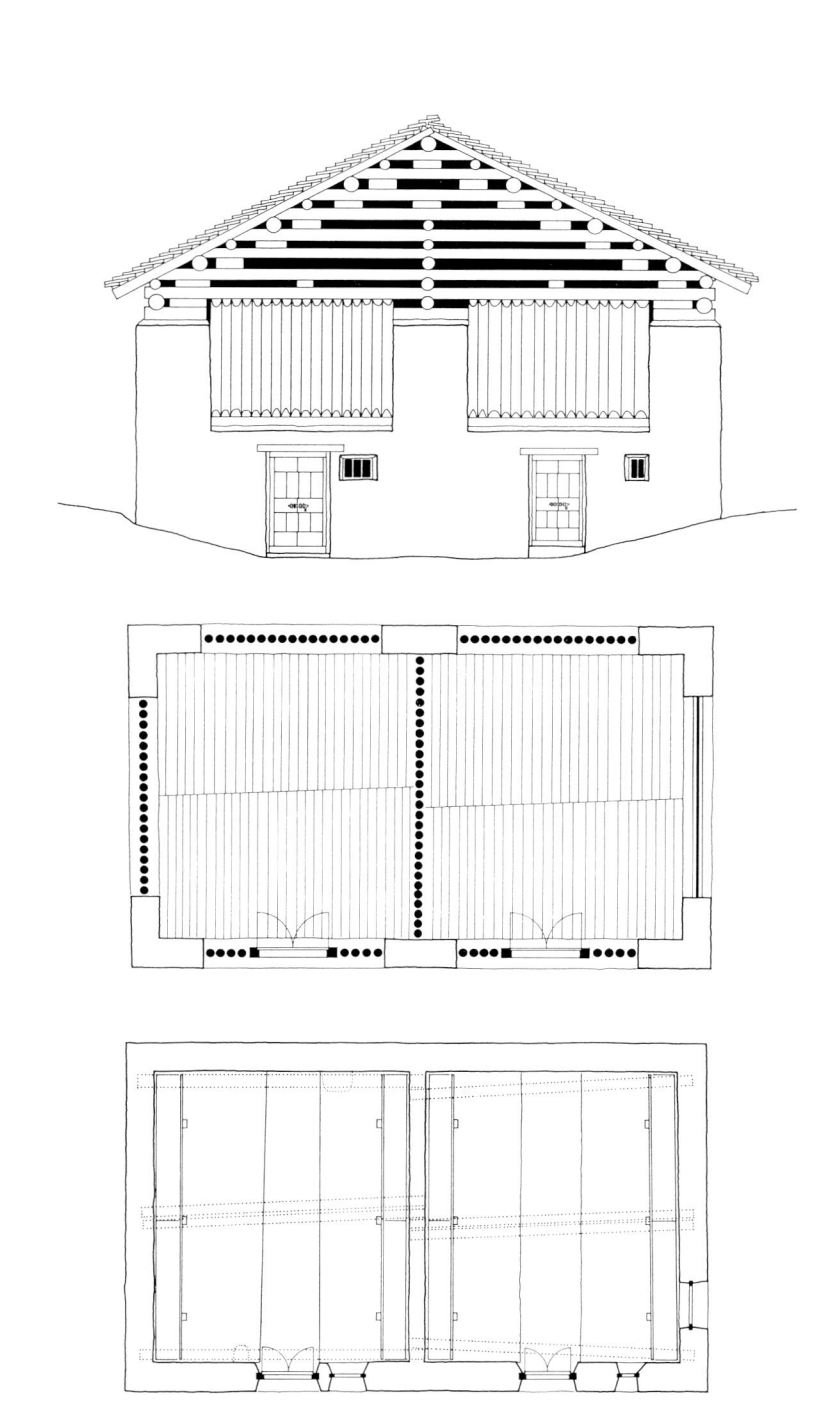

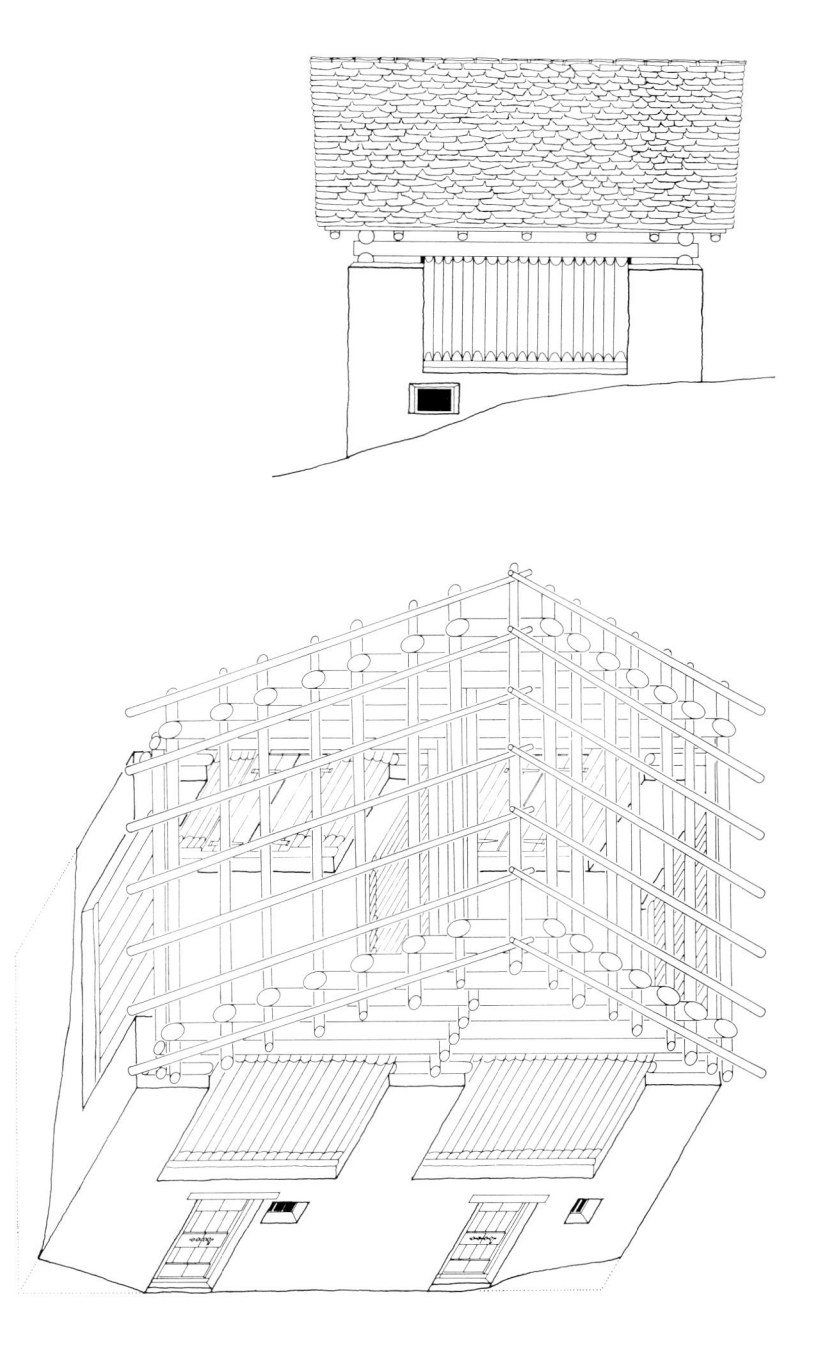

Im freien Spiel dieser elementaren Bauten zeigt sich eine regelmässige Ordnung; Beispiel Soglio-Plazza.

Das Dorf Soglio auf einer Sonnenterrasse im Bergell.
Die geschlossene Dorfanlage wird durch den barocken
Palazzo der hier beheimateten Familie von Salis dominiert.

Eckpfeiler Heustall (Doppelstall) in Promontogno-Porta. Planzeichnung im Maßstab 1:150.

> Gemauerte Stallscheune mit Blockständerwand und Steinplattendach bei Soglio.

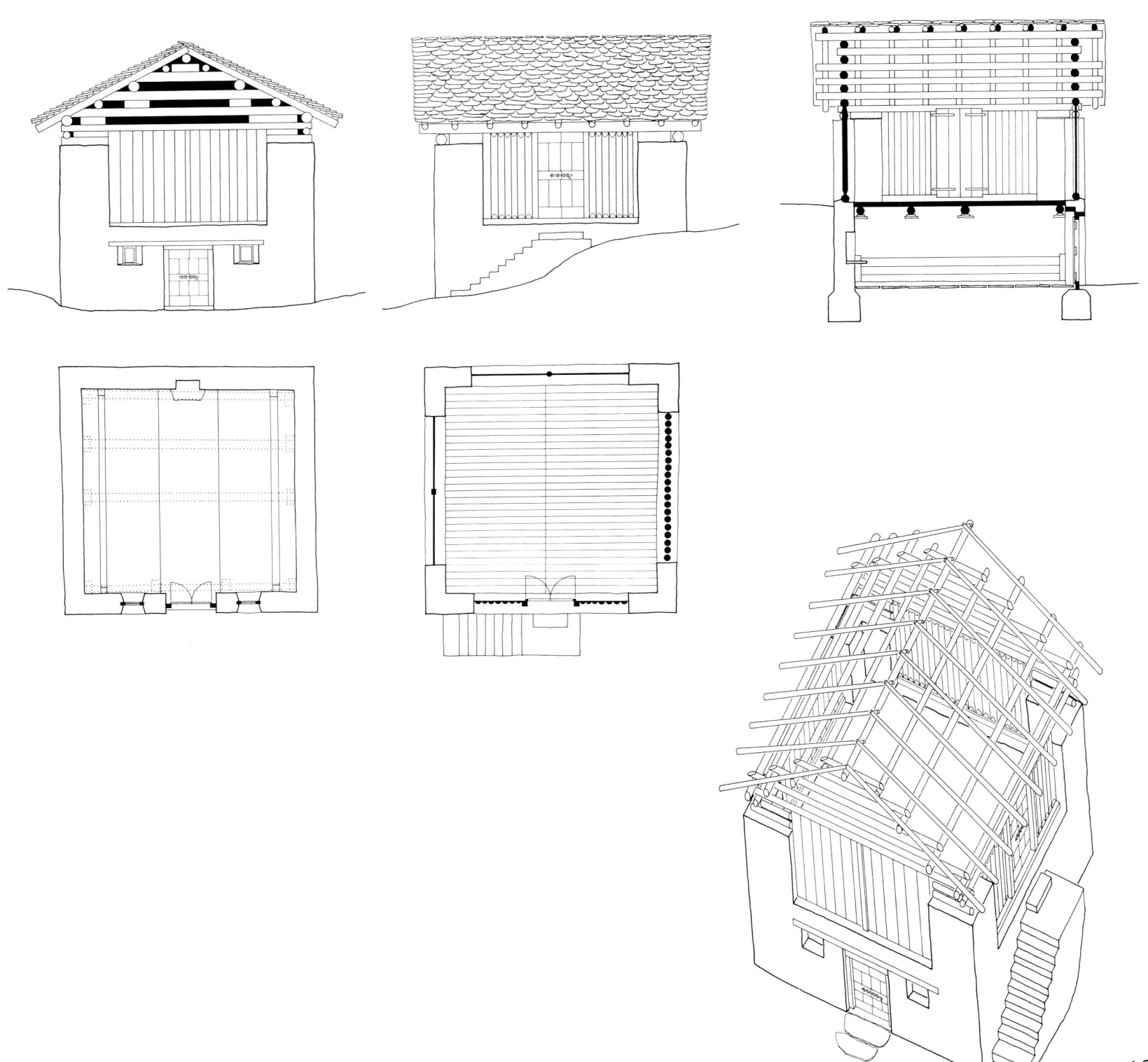

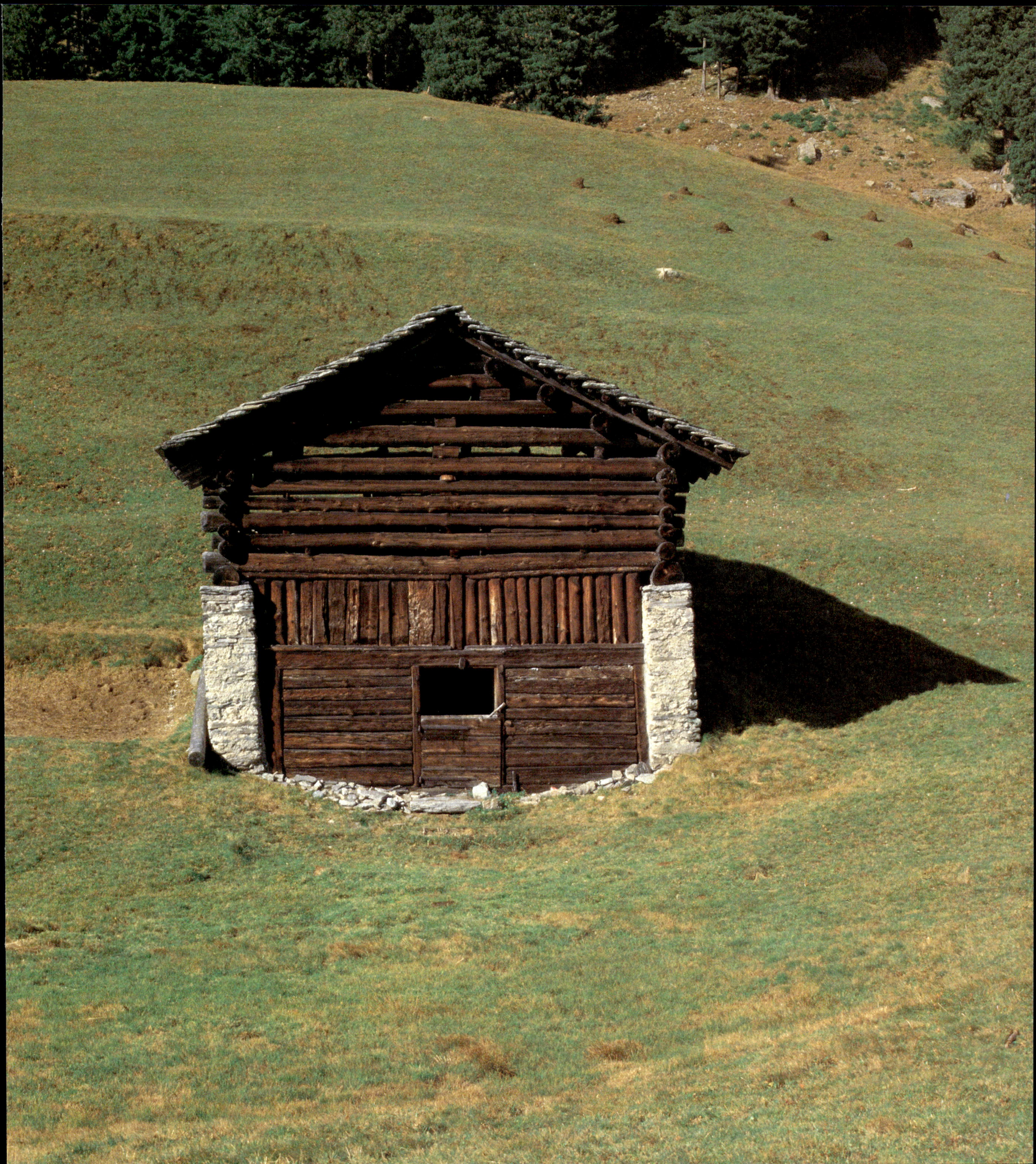

Diese neuerrichtete Stallscheune bei Soglio weist auf die anpassungsfähige Standardbauweise hin.

Auf engem Raum schichten sich Baugruppen, Alp Selva im Puschlav.
Temporärsiedlung mit Wohn- und Stallteil.

>
Gemauertes Wohnhaus aus Bruchsteinen mit Granitplatten auf dem Dach, Alp Selva.

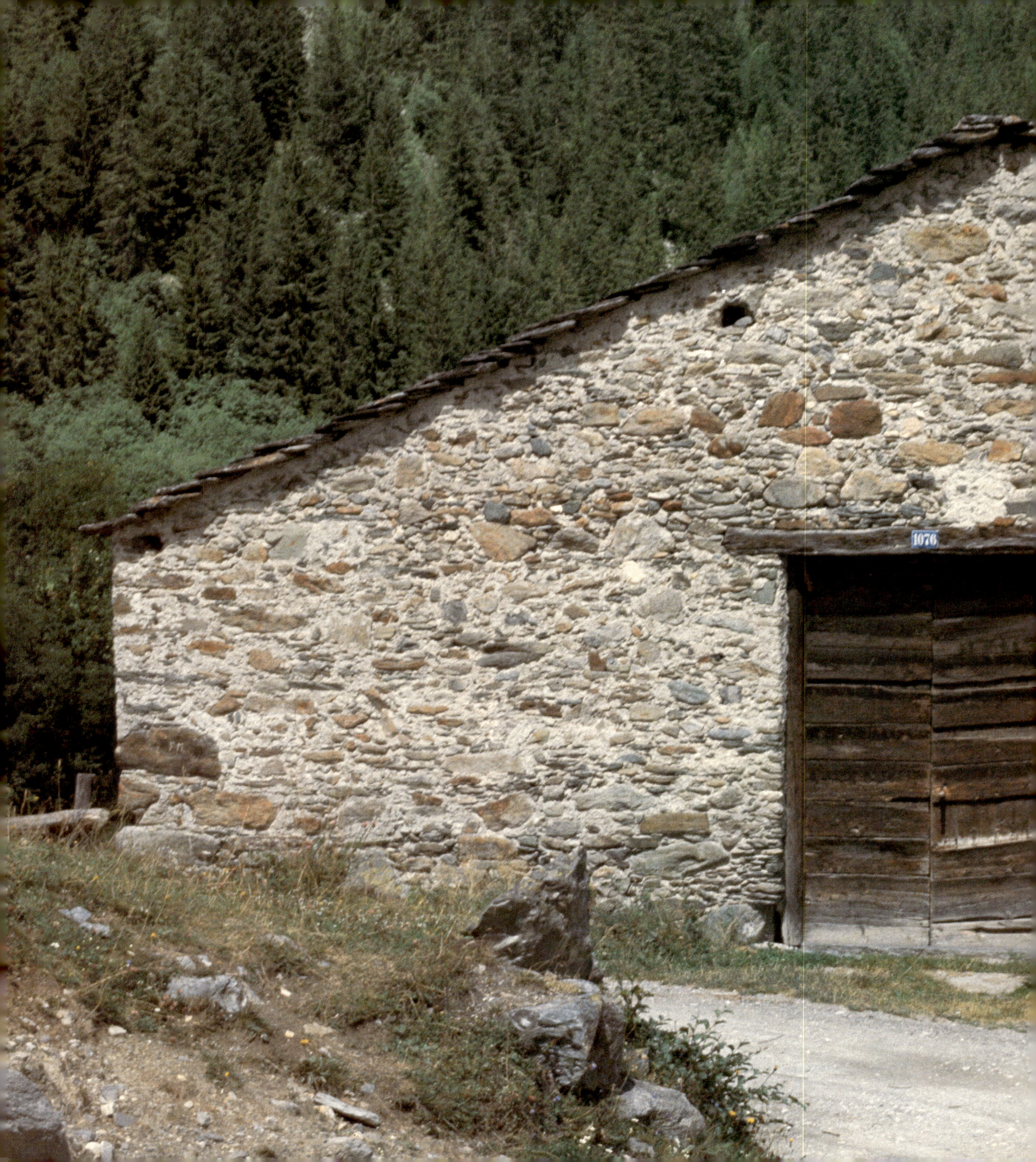
1076

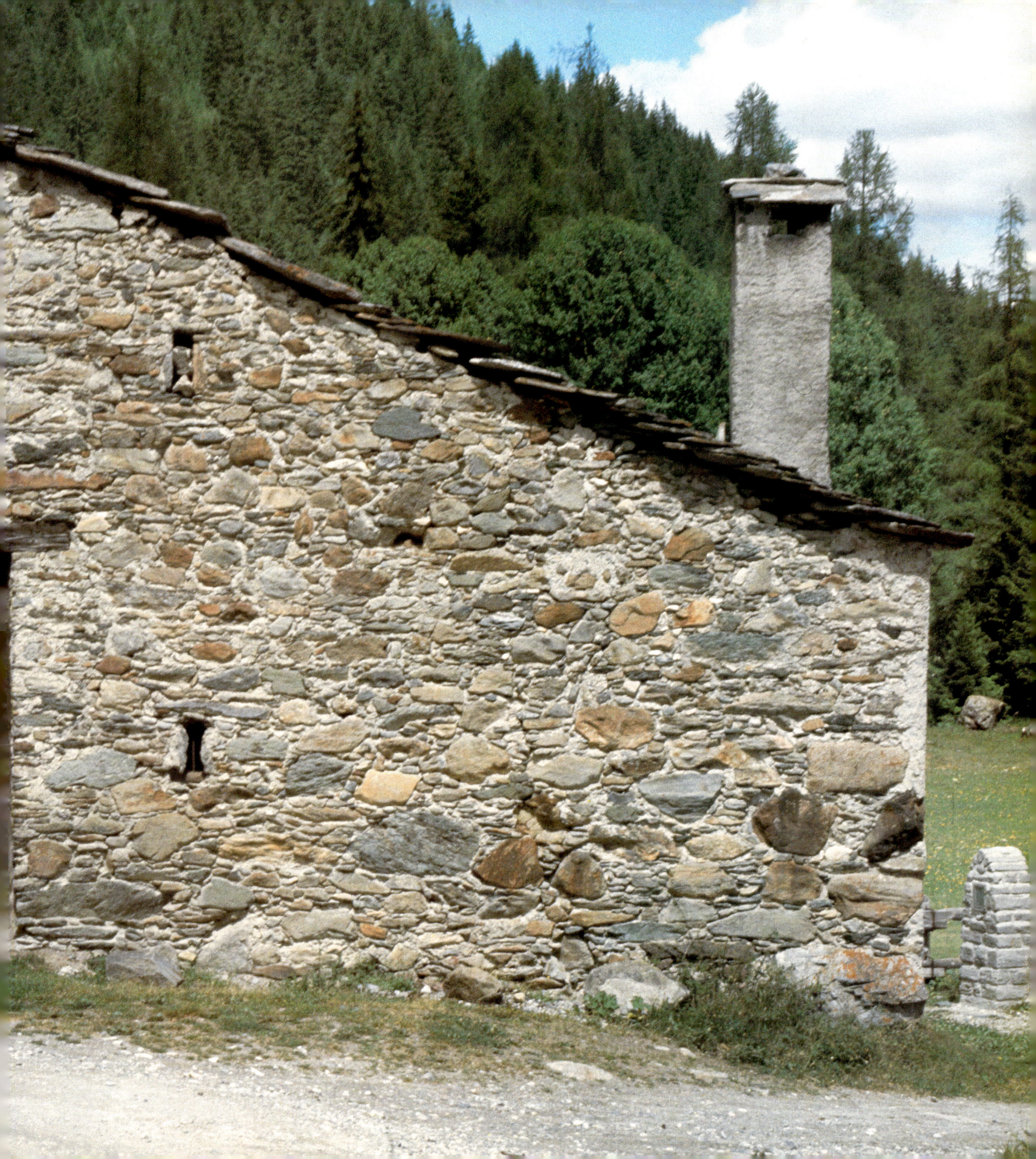

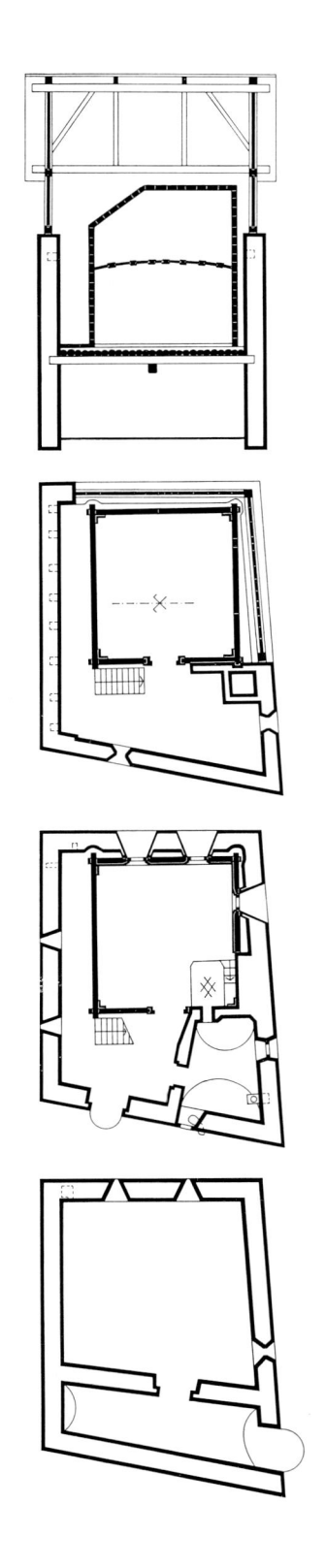

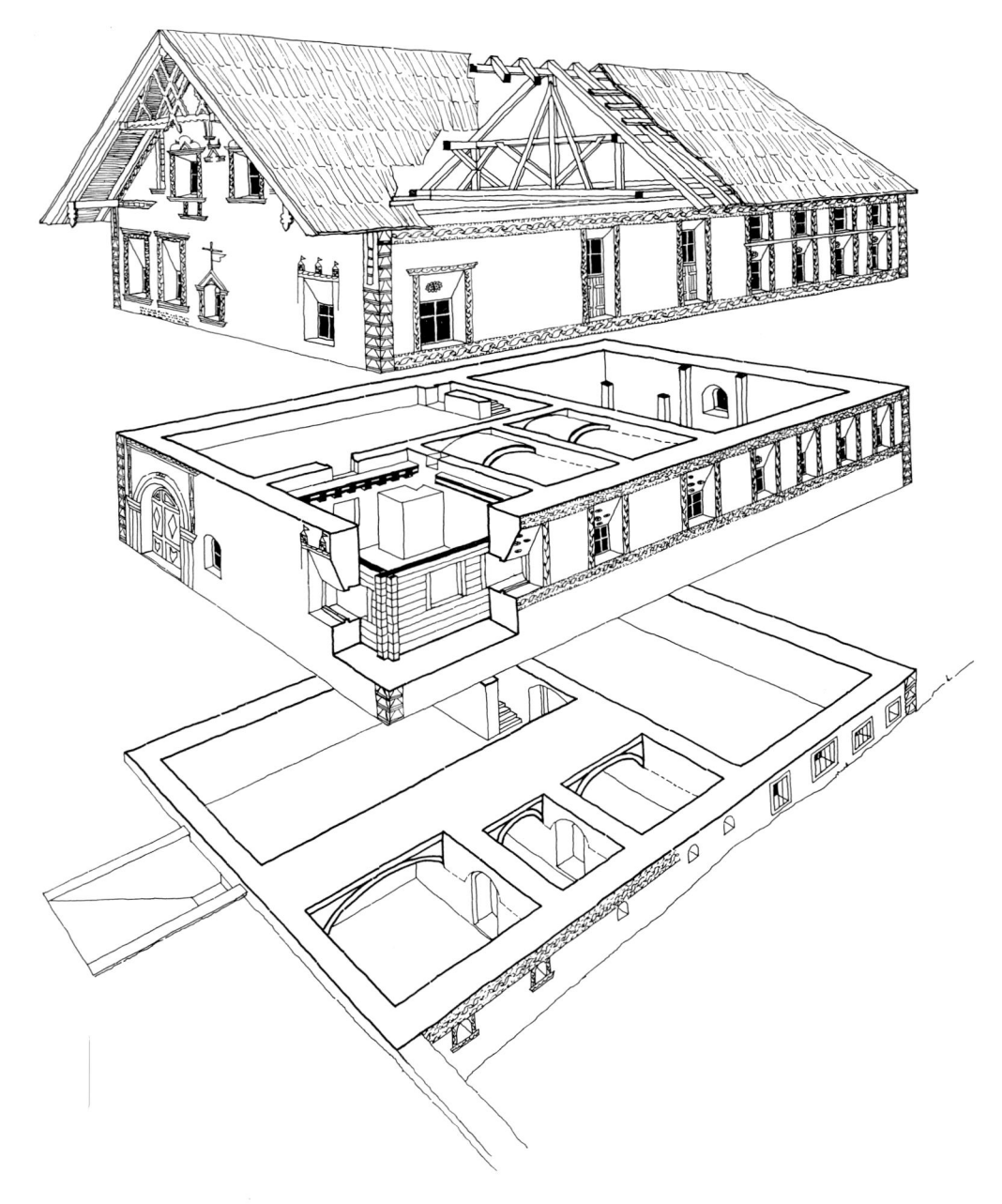

Baugefüge und Einteilung eines Hauses mit giebelseitigem Wirtschaftsteil in Lavin, erbaut 1725.

Sgraffitodekoration aus dem Dorfe Ftan oberhalb Ardez.

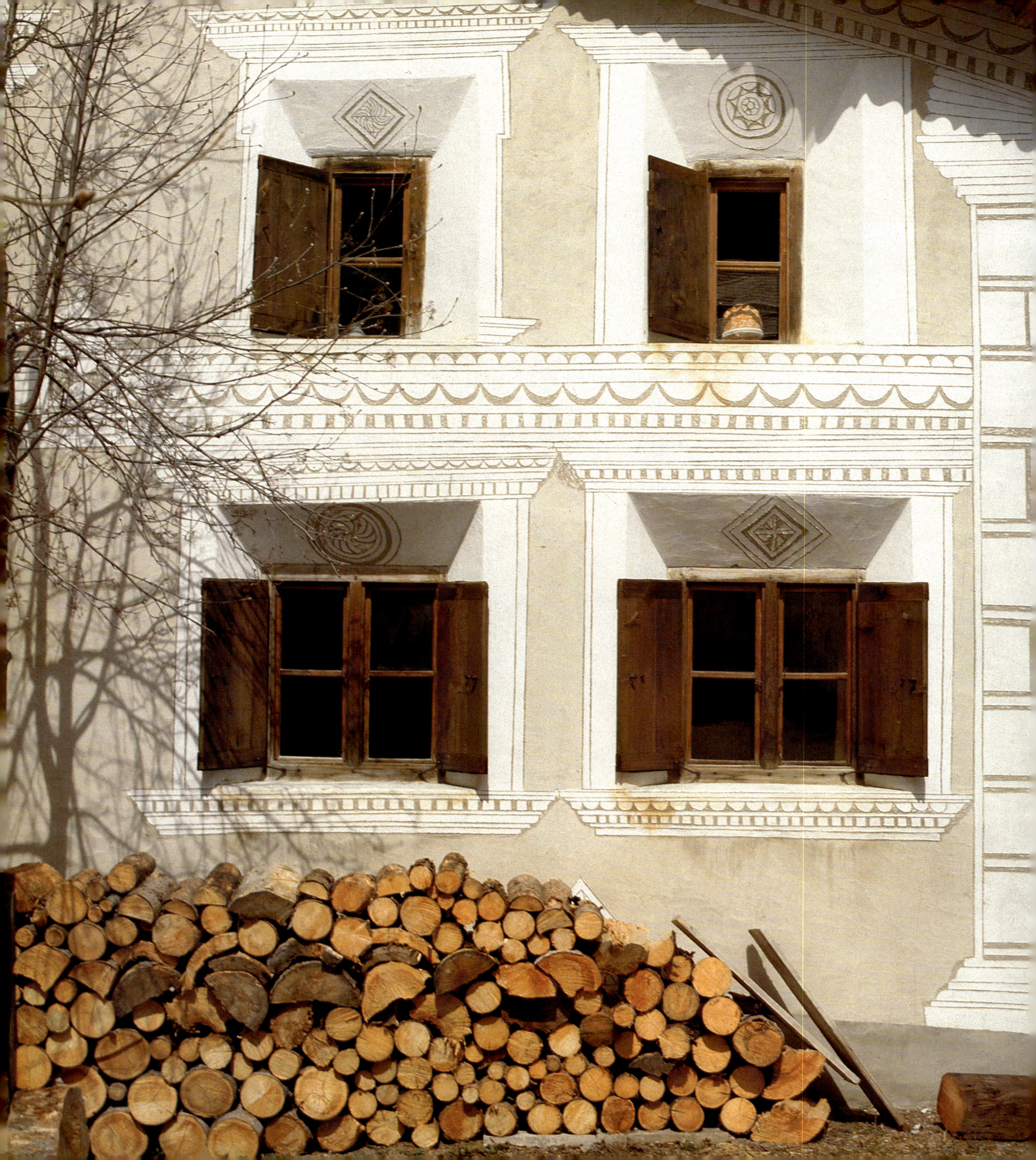

Detailansicht eines Hauses aus dem Weiler Sur En gegenüber Ardez.

Ardez ist ein typisches Dorf des rätoromanischen Kulturbereiches im bündnerischen Unterengadin, am linken Talhang 1460 m ü. M. gelegen. Hochentwickelte Kunst des Sgraffitos ziert eine Hausfassade in Ardez.

Holzblockbauten neben den prächtigen, bürgerlichen Steinhäusern im Weiler Sur En.

Die Steinhäuser in Ardez mit Gewölben und
Sgraffitomalereien weisen auf italienischen Einfluss hin.

Tessin

Der massive Stein als Baumaterial charakterisiert das Tessinerhaus. Es sind zum Teil einfache Steinbauten, teilweise in Trockenmauern erstellt. Das Äussere dieser Häuser wird nicht von Mauern und Fenstern geprägt, sondern durch die Aussentreppen und Lauben (Loggias). Die engen Häuser bieten keinen Raum für eine Treppe.

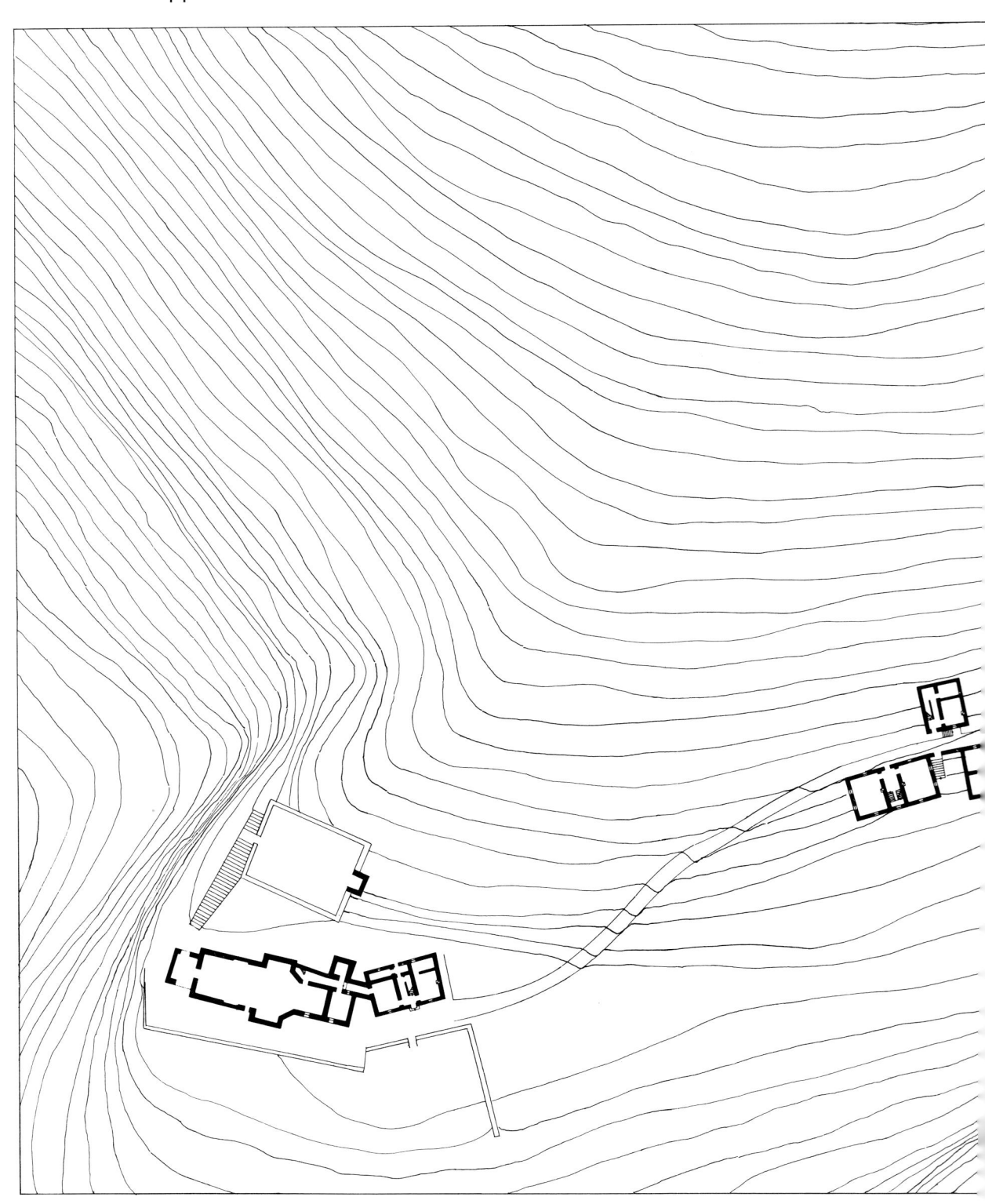

Gesamtplan mit Höhenkurven vom Grenzdorf Indemini
im Maßstab 1:1000.

Typisches Tessiner Bergdorf Indemini (930 m ü. M.).
Vorgesetzte Terrassen sind eigenständige Attribute der
Tessiner Bauernhäuser.

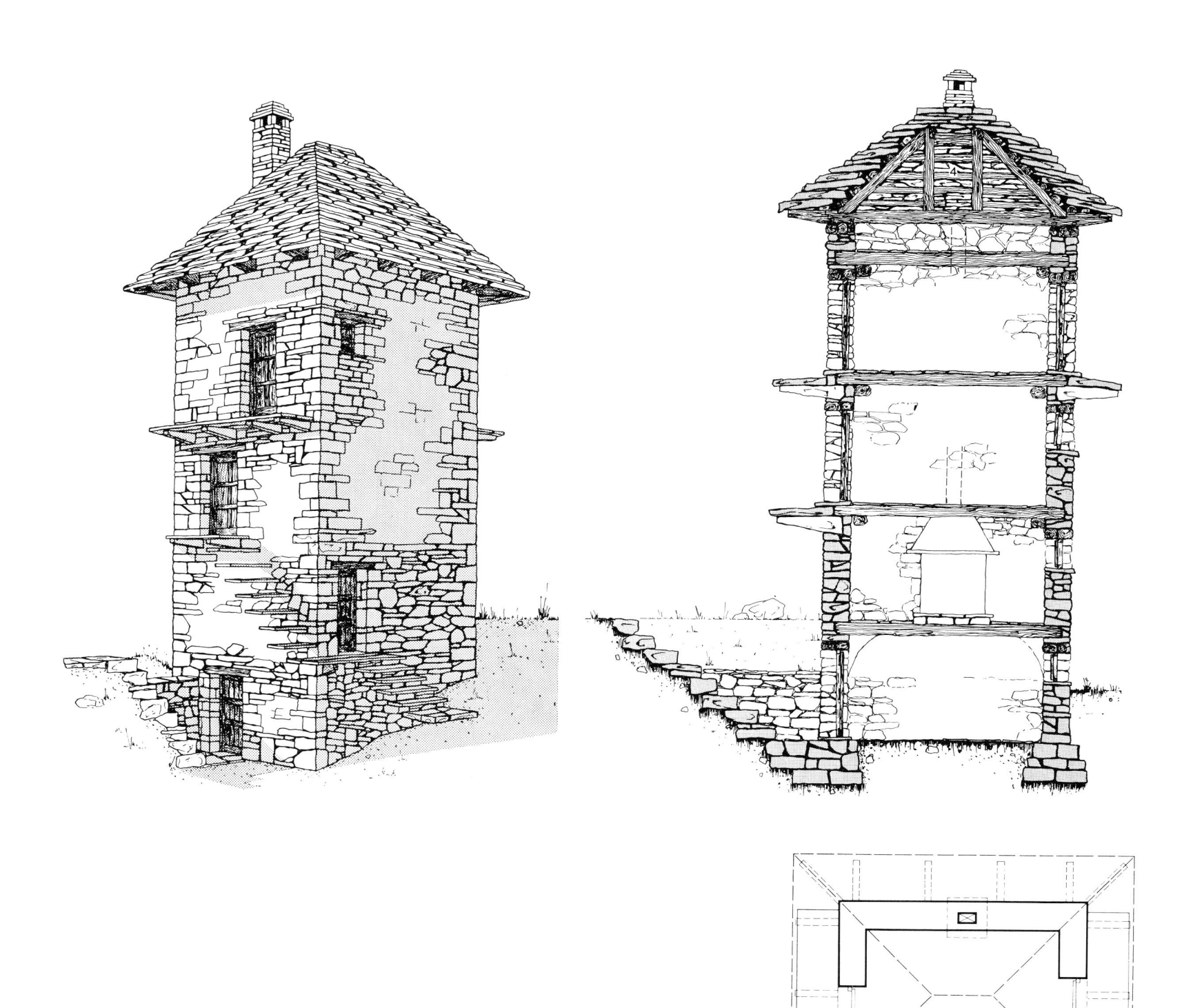

Turmartiges Haus in Rasa (Tessin).
Planzeichnung im Maßstab 1:100.

Haustyp aus Sonogno (im Val Verzasca auf ca. 800 m ü. M.).
Planzeichnung im Maßstab 1:200.

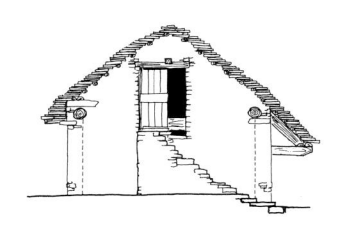

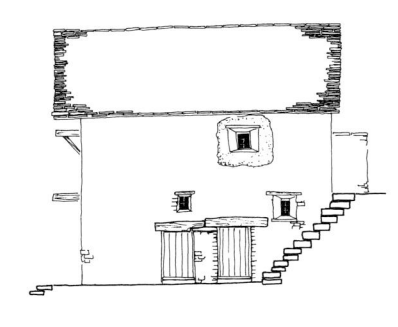

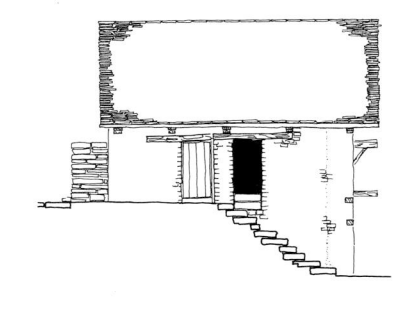

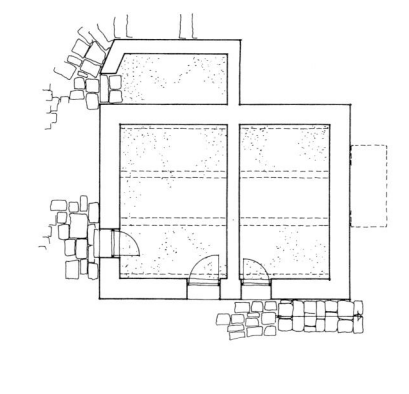

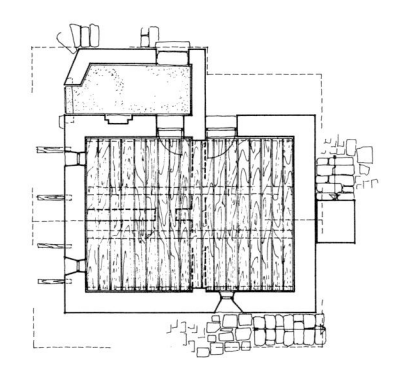

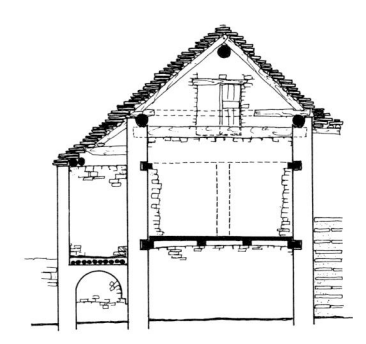

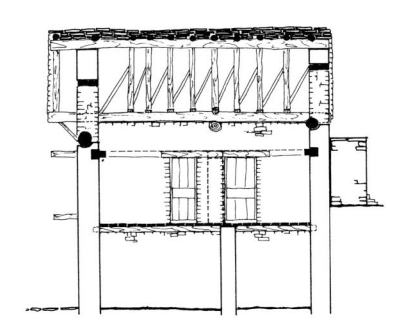

> Geschlossene Siedlung in der Verzasca-Flussebene.

184

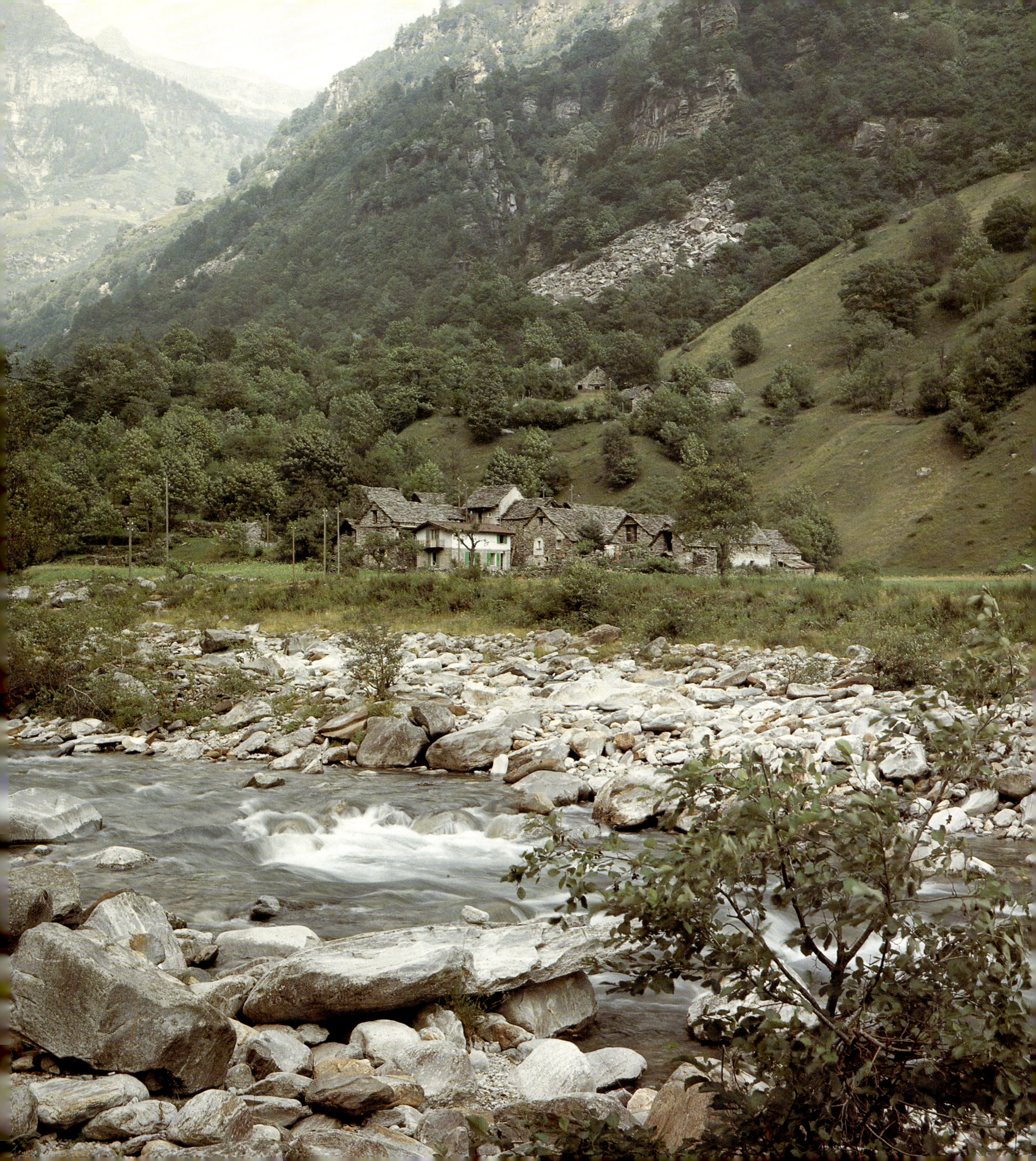

Die Satteldächer in schieferartigem Granit aus dem Val Verzasca.

Bergdorf Foroglio im Val Bavona (Seitental des Valle Maggia). Im Ort stehen 20 Wohnhäuser, Kirche, Gasthaus und zwei Speicher.

Situation von Foroglio im Maßstab 1:500.

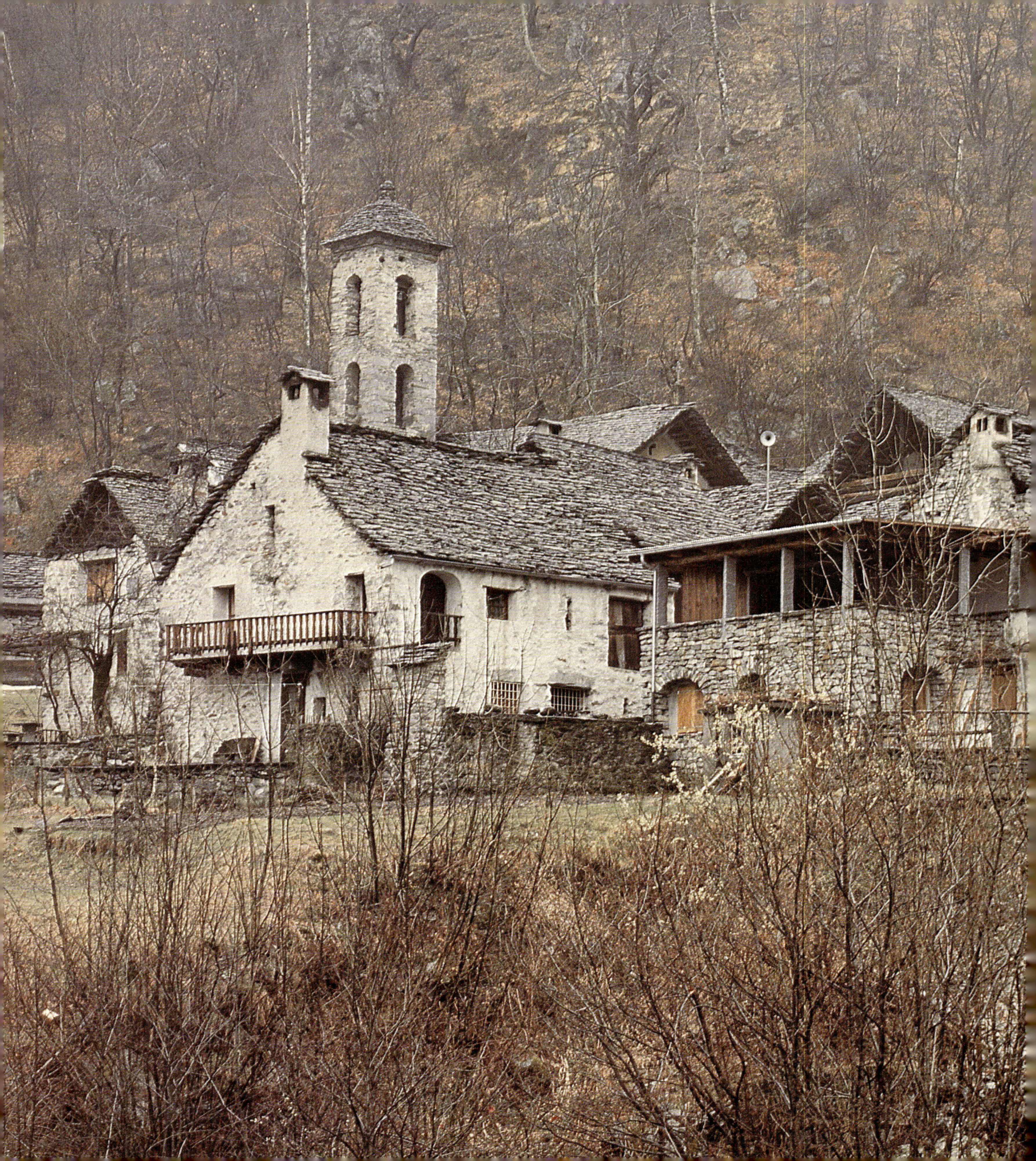

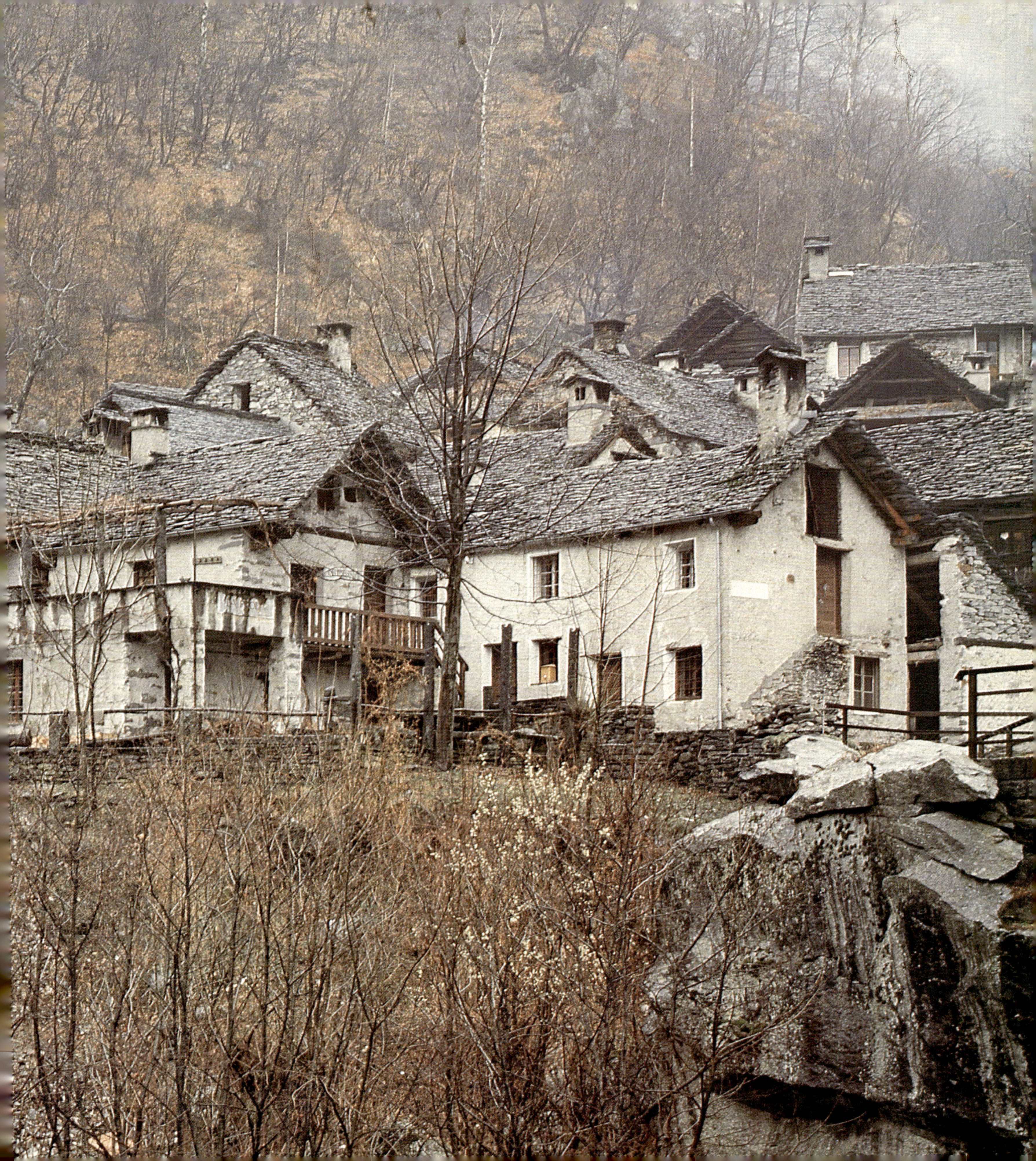

Die bauliche Eigenart widerspiegelt die Landschaft und ist beispielhaft für die Entwicklung einer einfachen, alpinen Sommersiedlung in Foroglio (Tessin).

Bauformen in Foroglio. Die baulich-räumliche Struktur ist aus einheimlichem Baumaterial geschaffen.

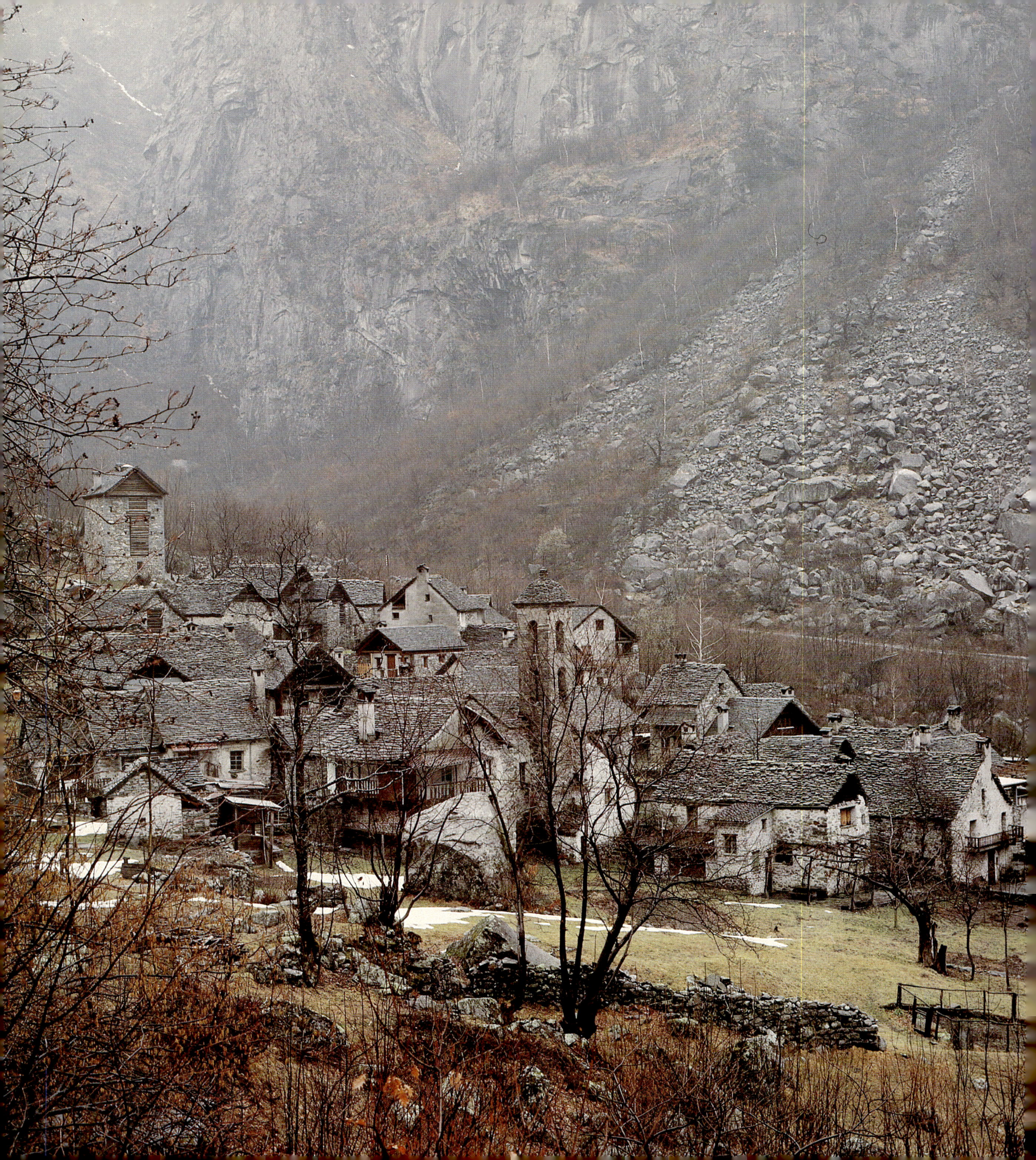

Das Haufendorf (Foroglio) mit reinen Steinbauten ist der Umgebung angepasst.

Maiensäss «Monti» im Val Verzasca.

Im abgelegenen Val Verzasca finden wir noch Bauten von einer Unberührtheit, die sich fast wie ein Wunder bis in die heutige Zeit erhalten haben.

Steinbau im Val Verzasca. Die «gefügte» Stiege betont die Hauptfront.

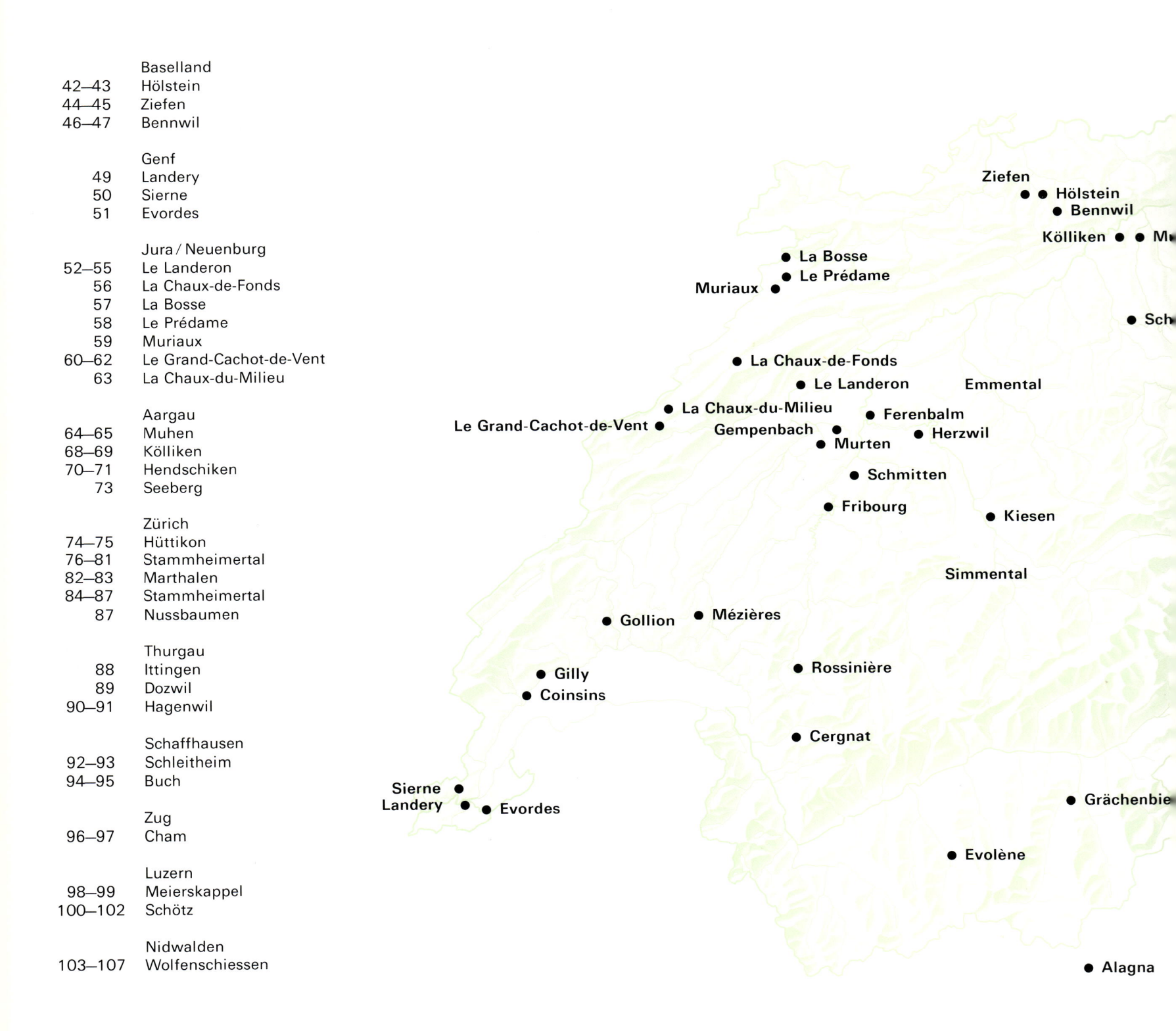

	Baselland
42–43	Hölstein
44–45	Ziefen
46–47	Bennwil

	Genf
49	Landery
50	Sierne
51	Evordes

	Jura / Neuenburg
52–55	Le Landeron
56	La Chaux-de-Fonds
57	La Bosse
58	Le Prédame
59	Muriaux
60–62	Le Grand-Cachot-de-Vent
63	La Chaux-du-Milieu

	Aargau
64–65	Muhen
68–69	Kölliken
70–71	Hendschiken
73	Seeberg

	Zürich
74–75	Hüttikon
76–81	Stammheimertal
82–83	Marthalen
84–87	Stammheimertal
87	Nussbaumen

	Thurgau
88	Ittingen
89	Dozwil
90–91	Hagenwil

	Schaffhausen
92–93	Schleitheim
94–95	Buch

	Zug
96–97	Cham

	Luzern
98–99	Meierskappel
100–102	Schötz

	Nidwalden
103–107	Wolfenschiessen

	Appenzell
110–111	Trogen
112–113	Appenzell
108/114	Herisau
115	Gais
116–117	Schwellbrun

	Bern
118–121	Emmental
122–123	Herzwil
124–125	Kiesen
128	Speicher im Emmental
129–131	Simmental
132–133	Mägisalp
134–137	Ferenbalm

	Fribourg
138–139	Murten
140	Gempenbach
141	Schmitten

	Waadt
142–143	Mézières
144–145	Gollion
146–147	Gilly
148–149	Coinsins
150–151	Cergnat
152–153	Rossinière

	Wallis
154	Evolène
155	Münster
156–158	Grächenbiel
159	Mühlental

	Walserhäuser
160–163	Alagna

	Graubünden
164–170	Soglio
171–173	Selva
174	Lavin
175	Ftan
176/178	Sur En
177/179	Ardez

	Tessin
180–182	Indemini
184–186	Val Verzasca
184	Sonogno
187–192	Foroglio
193–195	Val Verzasca

Reproduziert mit Bewilligung
des Bundesamtes für Landestopographie
vom 28.6.1983

Nachwort und Dank

Diese Arbeit, eine Auswahl der schönsten Bauernhäuser der Schweiz, will und kann kein Lexikon der traditionellen Bauformen sein. Dabei geht es nicht nur um das eigentliche Bauerngehöft, sondern vielmehr um ländliches und traditionelles Bauen allgemein. Diese Recherchen wurden nicht aus ethnologischem, folkloristischem, antiquarischem oder romantischem Interesse zusammengetragen. Es ging vielmehr um urtümliche Vorbilder oder Modelle, die eine neue Baugesinnung sichtbar machen können. Architektonische Erkenntnisse wecken das Bedürfnis, etwas Bleibendes zu schaffen, Ziele zu setzen; sie fördern den Wunsch, auch Bauinteressierte an dieser Erfahrung teilhaben zu lassen. So soll diese Arbeit Bauschätze der Vergangenheit einer breiten Öffentlichkeit zugänglich machen. Der Schwerpunkt «Bauernhaus der Schweiz» ist eine eindrückliche Anstrengung, die Zeugen unserer Vergangenheit zu bewahren. Eigene Photos und Planzeichnungen unterstützen diese Absicht. Es ist unser Bestreben, Idee und Gestalt des Bauernhauses als Gegenwartsbeispiele für uns zu erforschen. Entstehung einer neuen Tradition, könnten wir auch sagen!

Mit diesem Buch soll eine Neueinschätzung des traditionellen Bauernhauses in der Schweiz und seiner Bedeutung für uns erfolgen. Der Vorspann, eine Bearbeitung des Denkmalpflegers des Kantons Baselland Dr. Hans-Rudolf Heyer, bietet ein grosszügige, bebilderte Übersicht über die besten baulichen Leistungen aus dem Gebiet des Juras, Mittellands, der Voralpen und Alpen. In diesem Zusammenhang sei auf drei wesentliche Standardwerke der Bauernhausforschung in der Schweiz hingewiesen: Holzbauten der Schweiz von E. Gladbach; 1893 + 1906; Häuser und Landschaften der Schweiz von Richard Weiss; 1959; eine weitere hervorragende Arbeit ist in der Schweizer Baudokumentation «Geschichte Schweizer Bauernhäuser» von Dr. Max Gschwend, Leiter der Aktion Bauernhausforschung in der Schweiz, 1968–75, zu finden. (Alle Rechte der zeichnerischen Darstellungen auf Seite 48, 56, 67, 78, 114, 154, 174, 183 liegen bei der Schweizer Baudokumentation.)

An erster Stelle bedanke ich mich bei Hans-Rudolf Heyer für seinen unerlässlichen Beitrag über die Geschichte des Bauernhauses. Armand Brülhart danke ich für die Führung durch die ländlichen Bauten des Kantons Genf. Dem Team des Birkhäuser Verlages, vor allem Hans-Peter Thür und Hans-Joachim Bender und dem Typografen Albert Gomm gehört ebenfalls grosser Dank. Walter Grunder besorgte wiederum die Fotovergrösserungen für dieses Buch.

Besonderer herzlicher Dank gilt aber auch den Leihgebern dieser Arbeit: Curt Weisser, Schweizer Baudokumentation; Charles von Büren, Schweizerische Arbeitsgemeinschaft für das Holz (LIGNUM); Max Gschwend, Aktion Bauernhausforschung in der Schweiz; Michael Alder, Ingenieurschule beider Basel; Max Kasper, Ingenieurschule Winterthur; F. Aubry, Eidgenössische Technische Hochschule Lausanne, sowie den Freunden A. und R. Stadler, Meiringen, D. und A. Bingler, Binningen für die Überlassung von Zeichnungen.

Werner Blaser

Benützte Literatur

Ernst Badertscher, «Vom Berner Bauernhaus», Verlag Alfred Schmid, Bern 1935.
Guillaume Fatio «Augen auf!» Schweizer Bauart, Atar, Genf 1904.
Niklaus Flüeler «Kulturführer der Schweiz», Ex Libris Verlag, Zürich 1982.
Ernst Gladbach, «Der Schweizer Holzstil», Verlag Cäsar Schmidt, Zürich 1879.
Ernst Gladbach «Holzbauten der Schweiz», Curt R. Vincentz Verlag, Hannover 1893.
Max Gschwend «Schweizer Bauernhäuser», Schweizer Baudokumentation, Blauen 1968–75.
Fritz Hauswirth «Haustypen der Schweiz» Schweizerischer Hauseigentümerverband, Zürich 1975.
Hans-Rudolf Heyer «Kunstführer Kanton Basel-Landschaft», Büchler-Verlag, Wabern 1978.
Hans Jenny «Kunstführer durch die Schweiz», Büchler-Verlag, Wabern, Band 1 1971, 2 1976, 3 1983.
Alfred von Känel, «Simmental und Saanenland» Bauern- und Dorfkultur der Landschaftsdirektion des Kantons Bern, 1976.
M. Lutz «100 alte Berner Holzhäuser», Lobsinger, Bern 1936.
Hans Meier «Das Land Appenzell», Verlag Appenzeller Hefte Herisau, 1969.
Salomon Schlatter «Das Appenzellerhaus», Buchdruckerei Schläpfer Herisau, 1922.
Hans Schmocker «Ländliche Bauten im Emmental», Emmenthaler Blatt, Langnau 1979.
Richard Weiss «Häuser und Landschaften der Schweiz», Eugen Rentsch Verlag, Zürich, 1959.
SIA «Das Bauernhaus in der Schweiz», Verlag von Hofer, Zürich 1903.
SIA «Das Bürgerhaus in der Schweiz», Kanton Neuenburg, Orell Füssli Verlag, Zürich 1932.
Soglio, Ingenieurschule beider Basel, Muttenz 1983.
Sonogno, Ingenieurschule beider Basel, 1974.
Trogen «Die traditionelle Bauweise im Appenzell» Ingenieurschule Winterthur, 1960.
Canton de Vaud, Relevés de constructions rurales, Département d'Architecture, École Polytechnique Fédéral de Lausanne, 1972.

Aus Büchern des Autors:
Der Fels ist mein Haus, Wepf Verlag, Basel 1976.
Holzhaus, Wepf Verlag, Basel 1980.
Architecture 70/80 in Switzerland, Birkhäuser Verlag, Basel 1981 und 1982.
Elementare Bauformen, Beton-Verlag, Düsseldorf 1982.

Ortsindex

103	Aa	140	Gempenbach	98–102	Luzern	73	Seeberg
64–73	Aargau	48–51	Genf			134–137	Seeland
160–162	Alagna	146–147	Gilly	132–133	Mägisalp	171–173	Selva
163	Alpi d'Otro	144–145	Gollion	82–83	Marthalen	50	Sierne
108–117	Appenzell	156–158	Grächenbiel	98–99	Meierskappel	129–131	Simmental
177/179	Ardez	164–179	Graubünden	132–133	Meiringen	164–170	Soglio
				142–143	Mézières	184	Sonogno
42–47	Baselland	90–91	Hagenwil	160–163	Monte Rosa	76–87	Stammheimertal
46–47	Bennwil	120	Heimiswil	64–65	Muhen	92	Stein am Rhein
164–170	Bergell	70–71	Hendschiken	159	Mühlental	176/178	Sur En
118–137	Bern	108/114	Herisau	138–139	Murten		
132–133	Berneroberland	122–123	Herzwil	155	Münster	180–195	Tessin
66/72	Buelisacker	42–43	Hölstein	59	Muriaux	88–91	Thurgau
94–95	Buch	74–75	Hüttikon			110–111	Trogen
100–102	Büttenberg			52–55	Neuenburg		
		180–182	Indemini	60–63	Neuenburg (Hochjura)	174–179	Unterengadin
150–151	Cergnat	88	Ittingen	103–107	Nidwalden	76–81	Unterstammheim
96–97	Cham	134–137	Jerisberghof	87	Nussbaumen		
148–149	Coinsins	57–59	Jura			187–192	Val Bavona
				155	Obergoms	60–63	Vallé de la Brévine
129–131	Därstetten	124–125	Kiesen	84–86	Oberstammheim	160–163	Valsésia
89	Dozwil	68–69	Kölliken			184–186	Val Verzasca
		122	Könitz	171–173	Puschlav	193–195	Val Verzasca
119	Eggiwil						
118–121	Emmental	174	Lavin	183	Rasa	142–153	Waadt
154	Evolène	57	La Bosse	152–153	Rossinière	154–159	Wallis
51	Evordes	56	La Chaux-de-Fonds	64–65	Ruedertal	103–107	Wolfenschiessen
		63	La Chaux-du-Milieu	126–127	Richigen		
134–137	Ferenbalm	49	Landery			44–45	Ziefen
187–192	Foroglio	60–62	Le Grand-Cachot-de-Vent	92–95	Schaffhausen	96–97	Zug
138–141	Fribourg	52–55	Le Landeron	92–93	Schleitheim	74–87	Zürich
176/178	Ftan	58	Le Prédame	141	Schmitten		
		73	Leimbach	100–102	Schötz		
115	Gais	56	Les Crosette	116–117	Schwellbrunn		

Parallelen mit traditionellen Bauformen

In der Absicht, das Vergangene der Gegenwart nahezubringen und eine gewisse Übereinstimmung im Charakter der Bauwerke aufzuzeigen, ist die vorliegende Arbeit entstanden. Ich habe versucht, meine Gedanken über die gestaltete Aussage im Bauen mit eigenen Fotos darzulegen. So fand ich in den elementaren Bauten aus Stein und Holz kein historisches Kuriosum, sondern ein aktuelles Beispiel für Materialdenken und Formvermögen. Dabei entdeckte ich Dinge, die längst der Vergangenheit angehören und doch eine überraschende Synthese in der Zweckdienlichkeit und Baugestalt zeigten. Geschult an diesen urwüchsigen Formen, sah ich die Gegenwartsarchitektur der drei grossen Architekten des 20. Jahrhunderts F. L. Wright, Mies van der Rohe, Le Corbusier mit anderen Augen als früher.
Es geht also auch darum, Parallelen mit der traditionellen Baugestalt zu finden, die uns Vergleichspunkte und Anregungen ermöglichen. Die heimische Architektur überraschte durch Vorwegnahme von Prinzipien, die gerade uns heute beschäftigen. Mehr noch als die historische Architektur geraten die elementaren Bauten ins Blickfeld von Architekten, die für die Gegenwart wieder Inspiration in der Vergangenheit suchen; wie die «Skin und Skelett-Architektur», die einheitliche Materialbehandlung und die Anpassung an die Natur. Zum Beispiel fördern schon die natürlichen Materialien die Einheitlichkeit des Gebauten und die harmonische Eingliederung in die umgebende Natur wie wir dies heute noch im Tessin vorfinden. Dies wurde bei F. L. Wright besonders deutlich, der sich die Schönheit des aus der Natur erwachsenen Baues und die Wirkung des Daches zum Vorbild nahm. Die Überlegungen bei Mies van der Rohe führten ihn zu einer Ausdrucksweise, die dem vierhundertjährigen Baustil aus dem Appenzell nahe kommt, aber ohne jegliche Imitation. Bei Le Corbusier finden wir neben der strengen Gliederung der Primärstruktur auch die baukünstlerischen Elemente der Bearbeitung der Hülle, wie wir dies in den elementaren Steinbauten vorfinden. Das Foto ‹der Fels als Haus› ist ein Naturhaus aus dem Tessin und ist gerade für die Architektur Le Corbusiers beispielhaft.

Bauform und Landschaft
Die Dachgestalt bei Frank Lloyd Wright erinnert verblüffend an die elementare Steinhütte im Val Verzasca (Tessin) mit bis zur Wiese reichendem Dach: Gebäude Taliesin III, Spring Green Wisconsin, um 1950. In den ele-

Dachform aus dem Val Verzasca

mentaren, ländlichen Steinbauten finden wir die Grundhaltung des von der Natur Gegebenen. Auf ihre Anspruchslosigkeit wird aufmerksam gemacht, die sich in der Schönheit durch das Natürliche auszeichnet — jenseits jeder modischen Strömung. F.L. Wright sagte treffend: «Das Haus soll eins mit der Natur sein» oder «To study Nature, Nature with capital «N», d.h. nicht Natur beziehungsweise naturhaftes altes Bauen nachahmen, sondern das Wesen der Natur suchen und in Bauweisen und Konstruktionen verwirklichen.

Dachform von F.L. Wright.

Lineatur und Textur
Mit den Lake Shore Drive Apartments in Chicago, 1948–51 von Ludwig Mies van der Rohe, wird gezeigt, wie in der «Skeletkonstruktion mit curtain wall» Detail und Ganzes sich gegenseitig bedingen. Im traditionellen Appenzellerhaus war das Prinzip der vorgesetzten Wand

Traditionelles Appenzellerhaus in Trogen.

seit jeher bekannt. Die Elemente des «offenen» Bauens gliedern sich in tragende und raumabschliessende Systeme. In der Lineatur mit vertikaler und horizontaler Struktur kommen die statischen Kräfte zum Ausdruck. Die flächenhaften Elemente werden in der Textur, der Oberflächenwirkung sichtbar. «Architektur beginnt dort, wo zwei Steine sorgfältig übereinander gelegt werden» sagte Mies van der Rohe treffend, eine andere Aussage von ihm lautet: «Baukunst, dies herrliche Wort besagt doch, dass der Bau seinen Inhalt und die Kunst seine Vollendung bedeutet».

Lake Shore Drive Apts. in Chicago von Mies van der Rohe.

Imagination und Architektur
Plastizität im elementaren Steinbau aus dem Val Verzasca — wir denken an Le Corbusiers Wallfahrtskirche in Ronchamp von 1950. Eine der wesentlichen Erscheinungen einer Kultur ist die Architektur. In der Übereinstim-

Bauform aus dem Val Verzasca.

mung von Struktur und Materie wird die Ordnung des Bauwerkes sichtbar. Aber auch das Imaginäre hat innerhalb dieser Ordnung eine wirkungsstarke Aussage. Zwei Monate vor seinem Tode 1965 sagte Le Corbusier: «Ausser den Palästen die ich betrachtet habe — da wo sie schön waren, öfters waren sie hässlich — habe ich immer das Bauernhaus, das Haus der Menschen, das bescheidene Ding mit einem menschlichen Maßstab bewundert und ich habe dort einen Teil meines Buches «Modulor» gefunden.

Die Wallfahrtskirche in Ronchamp von Le Corbusier.

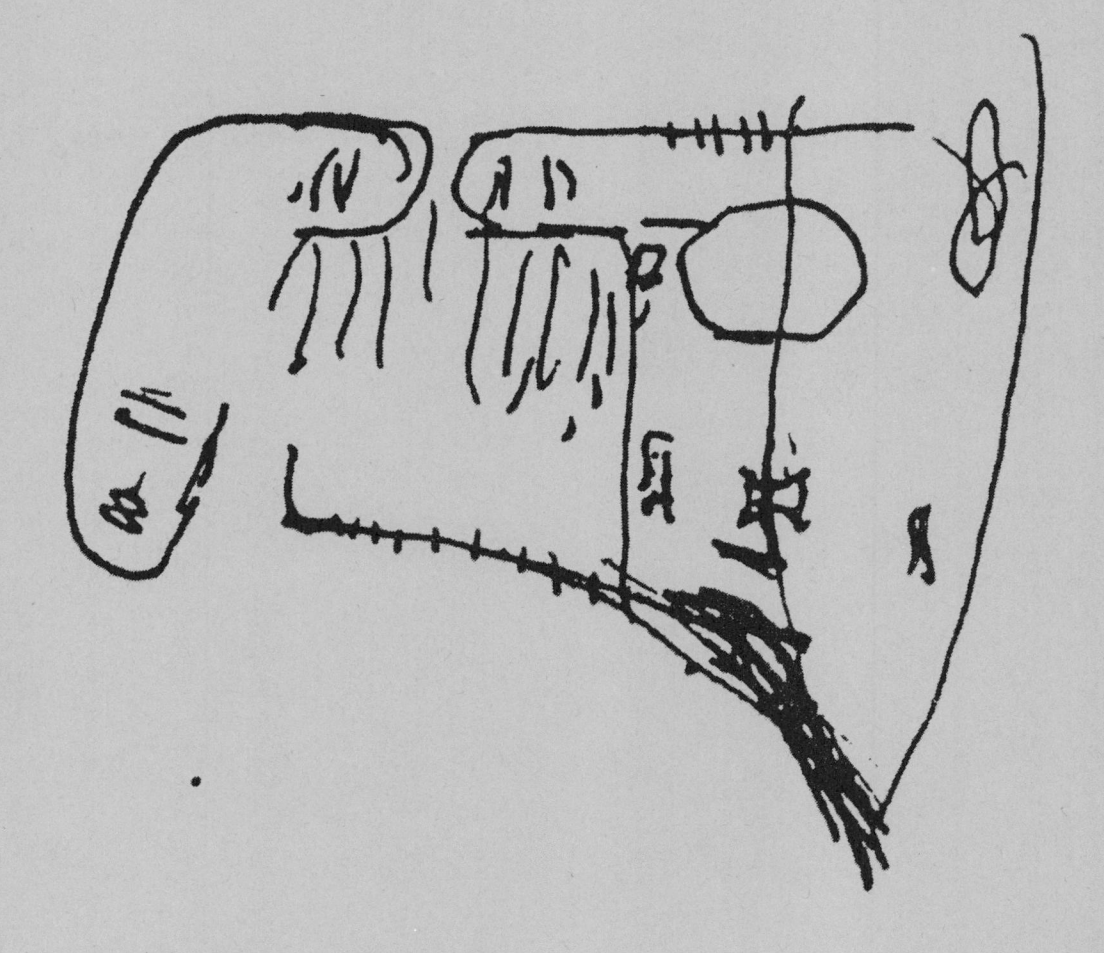